W0250732

E-Book inside.

Mit folgendem persönlichen Code
können Sie die E-Book-Ausgabe
dieses Buches downloaden.

58018-r65p6-
xzrnn-2018v

Registrieren Sie sich unter
www.hanser-fachbuch.de/ebookinside
und nutzen Sie das E-Book
auf Ihrem Rechner*, Tablet-PC
und E-Book-Reader.

Der Download dieses Buches als E-Book unterliegt gesetzlichen Bestimmungen bzw. steuerrechtlichen Regelungen, die Sie unter www.hanser-fachbuch.de/ebookinside nachlesen können.

* Systemvoraussetzungen: Internet-Verbindung und Adobe® Reader®

Beck/Hauser

Der Fairness-Faktor

Henning Beck
Birgit Hauser

Der Fairness-Faktor

Das Geheimnis erfolgreicher Verhandlung

HANSER

FSC
www.fsc.org
MIX
Papier aus verantwortungsvollen Quellen
FSC® C014889

Bibliografische Information der Deutschen Nationalbibliothek
Die Deutsche Nationalbibliothek verzeichnet diese Publikation in der Deutschen Nationalbibliografie; detaillierte bibliografische Daten sind im Internet über http://dnb.d-nb.de abrufbar.

www.hanser-fachbuch.de

Lektorat: Lisa Hoffmann-Bäuml
Herstellung: Thomas Gerhardy
Satz: Kösel Media GmbH, Krugzell
Druck und Bindung: Friedrich Pustet, Regensburg
Printed in Germany

ISBN 978-3-446-45186-5
E-Book-ISBN 978-3-446-45271-8

Dank und Widmung

Wir bedanken uns bei Dr. Melanie Billings-Yun, der »Erfinderin« der GRASP-Verhandlungsphilosophie, und bei Ulrich Kisser, der vor vielen Jahren als Erster das Potenzial einer Kooperation zwischen Melanie Billings-Yun und uns erkannt hat. Ihnen beiden widmen wir dieses Buch.

Inhalt

Werte Leser und Leserinnen,

die GRASP-Verhandlungsmethode von Dr. Melanie Billings-Yun fokussiert ebenso konsequent und klar strukturiert in fünf Schritten darauf, den anderen zuerst zu verstehen, dann zu überzeugen und damit eine langfristige Beziehung zu schaffen, die über die aktuelle Verhandlung hinausgeht.

Über die GRASP-Verhandlungsmethode schreibt der Gewinner des Nobelpreises für Wirtschaftswissenschaften in 2004 – Edward C. Prescott – Folgendes: »I am delighted to see a considered and sustainable approach to negotiation that understands that actions, words and fairness have an impact that continues far beyond the signing of a deal.«

Das Besondere an der GRASP-Methode ist, immer auch die Beziehung zum Gegenüber im Fokus zu haben. Ganz egal, wie sehr Verhandler miteinander um Lösungen streiten, eigene Ziele verfolgen und Vorteile für sich selbst erringen: Das erklärte Bestreben nach einer langfristigen, belastbaren Beziehung zum Gesprächspartner bleibt im Zentrum allen Handelns. Damit verabschiedet man sich vom einseitigen, kurzfristigen Erfolgsstreben und richtet zudem den Blick über den aktuellen Verhandler-Tellerrand in die Zukunft.

Wir haben in diesem Werk zwei Fachgebiete – Hirnforschung auf der einen Seite und Verhandlungsexpertise auf der anderen Seite – miteinander verbunden und daraus Erkenntnisse für jeden Menschen, der am Verhandlungstisch sitzt, gewonnen. Durch diese Verbindung können Verhandlungen weiter perfektioniert werden. Zahlreiche Verhandlungsbeispiele und praktische Tipps erleichtern Ihnen zudem den Transfer in Ihre Verhandlungspraxis.

Wir wünschen Ihnen viel Spaß beim Lesen sowie viel Erfolg bei Ihren weiteren Verhandlungen.

Weinstadt und Frankfurt a. M., Frühjahr 2017
Birgit Hauser und Henning Beck

"Yes they shaved our margins a little,
but they signed the contract!"

Quelle: www.negotiatons.com

Vorwort von Melanie Billings-Yun

Verhandeln ist etwas zutiefst Menschliches. Auch wenn dabei häufig Zahlen und technische Begriffe eine Rolle spielen, liegt doch der Kern des Verhandelns im Herstellen einer Verbindung zu einem anderen Menschen, in dem Bereinigen unterschiedlicher Ansichten und dem Erarbeiten von Lösungen, die einen höchstmöglichen Vorteil versprechen. Kurz gesagt: Es geht darum, eine Beziehung zu schaffen.

Es gibt ebenso viele unterschiedliche Arten von Beziehungen, wie es unterschiedliche Arten von Menschen gibt. Sie können mit Familienmitgliedern verhandeln, mit Nachbarn, Geschäftspartnern, Dienstleistern, Kunden, Beratern, Angestellten, Vorgesetzten und zahllosen anderen. Obwohl es zwischen diesen Beziehungen große Unterschiede gibt, haben sie doch eines gemeinsam: Alle können Ihnen potenziell nützen. Dazu müssen Sie allerdings zuerst das Vertrauen wecken, dass umgekehrt auch Sie ihnen nützen können. Wie eng die Beziehung auch sein mag – das Entwickeln des nötigen Vertrauens und der Zusammenarbeit beginnt mit dem Erzeugen einer entspannten Atmosphäre, in der die andere Seite nicht als kleines Rädchen im Getriebe oder gefürchteter Gegner bzw. Mittel zum Zweck gesehen wird, sondern als Individuum, das Sie respektieren und mit dem Sie zusammenarbeiten möchten.

Die von mir ins Leben gerufene und hier weiterentwickelte

GRASP-Methode zeigt Ihnen einen Rahmen für das Schaffen positiver sowie vorteilhafter Verhandlungsbeziehungen. Dies wird möglich durch das *Erkennen der Ziele Ihres Gegenübers*, um sowohl dessen als auch zugleich Ihre eigenen Ziele zu erreichen, durch sowohl das *Suchen nach Wegen* als auch das *Entwickeln von Argumenten*, die diese Wege unterstützen, durch das *Veranschaulichen von Alternativen*, anhand derer Sie zu einer Einigung mit der Gegenseite gelangen können, und letztendlich durch das *Überzeugen* aufgrund eines bejahenden und respektvollen Sprachgebrauchs sowie durch aktives Zuhören.

Darüber hinaus sind Birgit Hauser und Henning Beck tiefer in die Grundlagen der Überzeugungsarbeit vorgedrungen und liefern nützliche Beispiele für die Wortwahl positiver Kommunikation sowie praktische Werkzeuge, um Ihren Kommunikationsstil anzupassen.

Für mich ist allerdings der faszinierendste Teil des Buchs das GRASP-Experiment. Fähige Verhandler wissen schon lange um die Wichtigkeit positiver Gefühle im Erreichen von wertsteigernden Übereinkünften. Wer selbstsicher und entspannt ist, verbringt weniger Zeit damit, sich zu sorgen und setzt auf diese Weise mehr geistige Energie für eine kreative Problemlösung frei. Äußerlich legt er ein vertrauenswürdiges, kompetentes und damit überzeugendes Auftreten an den Tag. Hauser und Beck haben hier die Verbindung zwischen positiven Gefühlen und dem Erreichen von Verhandlungszielen bewiesen, was eine wertvolle Bereicherung zur Literatur über das Verhandeln darstellt.

Dieses Buch liefert Einblicke aus Sicht des gesunden Menschenverstands sowie aus dem Leben gegriffene Beispiele, die jeden ansprechen, der an einer unvoreingenommenen, wertschöpfenden Herangehensweise in Bezug auf das Verhandeln mit gleichzeitigem Aufbau von Beziehungen interessiert ist.

Durch die vielen Tipps und Übungen werden auch unsichere Verhandler entdecken, dass Verhandeln eine positive, anregende und lohnende Erfahrung sein kann.

Dr. Melanie Billings-Yun, Ph.D.
Autorin von Beyond Dealmaking:
Five Steps to Negotiating Profitable Relationships
Februar 2013
www.beyond-dealmaking.com

Vorwort von Andrea Hartmann

Als Birgit Hauser und Henning Beck mir ihr Manuskript für ihr neues Buch vorstellten, habe ich mich sehr gefreut: für sie, dass sie ihre erfolgreiche Autorenschaft fortsetzen, und für uns alle, die wir in einem Bereich arbeiten, in dem es um das Zusammenführen und Austarieren unterschiedlicher Interessen und Bedürfnisse geht. Wir sind immer aufs Neue auf Inspirationen, Methoden und Gedankenanstöße angewiesen und genau das habe ich in diesem Buch gefunden. Der Titel greift mit dem Wort »Fairness« einen entscheidenden Punkt heraus: Verhandlungen sind per definitionem ein Aufeinandertreffen, ein Abgleich von zwei oder mehreren unterschiedlichen Interessen(slagen) – genau wie bei Konflikten auch. Sich nicht gerecht behandelt zu fühlen, die Fairness des anderen oder die Prozessgerechtigkeit in Frage zu stellen, sind typische Verhaltensweisen in solchen angespannten Situationen. Oft werden in Verhandlungen Erinnerungen aktualisiert, die bis in die Kindheit zurückreichen können. »Das ist unfair!« ist ein Satz, den wir alle oft gehört und selbst benutzt haben. Die empfundene Unfairness jedoch löst wiederum weitere Emotionen in uns aus, die eine Einigung unmöglich machen. Dass es nicht darum gehen kann, richterlich über »Recht haben« und »im Recht sein« zu bestimmen, und dass auch ein »Basar-Gebahren« nicht zu einem Gefühl der Fairness bei den Beteiligten führt, versteht jeder, der sich mit langfristig erfolgreichen Verhandlungen und Verhandlungsführung auseinandergesetzt hat. Wie nun aber wahrgenommene Fairness an den Verhandlungstisch kommt und wie es gelingt, auf Augenhöhe respektvolle und anhaltend tragfähige Lösungen zu finden, das finden wir in diesem Buch. Es ist Lektüre zur eigenen Reflexion, Inspiration und Handlungsanleitung zugleich. Vielen Dank für diesen Input!

Andrea Hartmann-Piraudeau
CEO Consensus Group
www.consensus-group.de

Kapitel 1: Das Verhandlungsfundament

Ein stabiles Verhandlungsfundament, auf dem Sie sicher sitzen, ist wie ein Fels, der auch bei Gegenwind und Unerwartetem fest verankert ist und Ihnen Vertrauen in Ihre Fähigkeiten geben soll. Das Fundament besteht aus fünf Säulen/Faktoren, die wir nachfolgend kurz beschreiben (Bild 1.1).

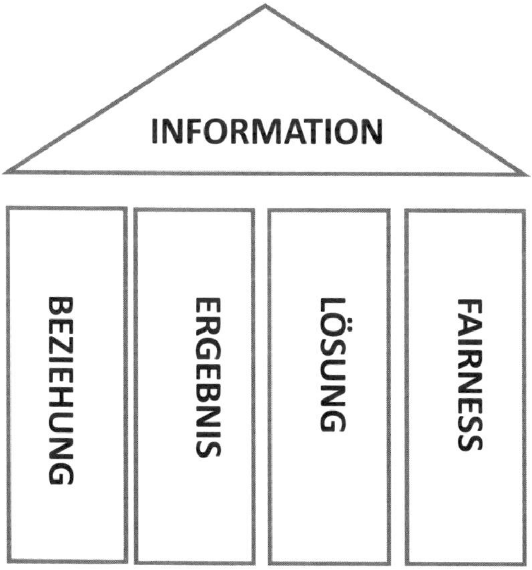

Bild 1.1 Fünf Faktoren des Verhandlungsfundaments

1.1 Information: sich den Vorsprung erarbeiten

Stellen Sie sich vor, Sie gehen in eine Gehaltsverhandlung und haben keine Ahnung, wie sich Ihre Umsatzzahlen entwickelt haben, wie die wirtschaftliche Lage Ihres Unternehmens ist, ob sich Ihre Firma gerade im Höhenflug befindet oder kurz vor der Insolvenz steht. Was glauben Sie, haben Sie Chancen, eine Gehaltserhöhung durchzusetzen?

Michael Ambühl, Professor für Verhandlungs- und Konfliktmanagement an der Eidgenössischen Technischen Hochschule Zürich und ehemaliger Schweizer Ausnahmediplomat, hat in einem Interview mit der ZEIT (2017) festgestellt, dass man ruhig über Walfangquoten diskutieren könne, ohne Meeresbiologe zu sein, jedoch das Dossier- bzw. Faktenwissen parat haben müsse.

Gut informiert zu sein, ist die wichtigste Vorbereitung, die Sie für eine Verhandlung treffen können. Was genau ist das Thema, das Ziel? Was erwartet mein Verhandlungspartner? Welche Fragen könnte er stellen? In welcher Position befindet er sich, wo steht seine Firma? Gibt es irgendwelche Besonderheiten etc.? Nur wenn Sie wirklich genau wissen, um was es geht, welche Faktoren relevant sind und welche Rolle der oder die Verhandlungspartner innehaben, können Sie erfolgreich verhandeln, sicher sowie flexibel reagieren und auch mehr Verständnis aufbringen. Zudem signalisieren Sie dem Verhandlungspartner mit einer guten Vorbereitung, dass Ihnen die Verhandlung wichtig ist, dass Sie Ihr Gegenüber ernst nehmen und wertschätzen. So wird von vorneherein eine entspannte Atmosphäre geschaffen. Und je mehr Sie wissen, desto eher fallen Ihnen auch Alternativen ein, sollte die Verhandlung stocken.

Sie sollten sich vor einer Verhandlung so umfassend wie möglich informieren. So hat beispielsweise Jimmy Carter, ehemaliger US-Präsident, alle ihm zur Verfügung stehenden Informationsquellen genutzt, um sich so ausgiebig wie möglich auf die Verhandlungen in Camp David zwischen Israeli und Palästinensern vorzubereiten: »I was studying a thick volume, … about the two men (…), I would welcome to Camp David (…), I had to understand these men!« (Carter 2013). Carter hat nicht nur Informationen über Sadat und Begin eingeholt, sondern sich auch über die seinerzeit aktuelle Situation in deren Ländern, über psychologische, subjektive Entwicklungen, über die jeweiligen Kulturen informieren lassen. Er hat dafür verschiedenste Quellen genützt, z. B. die US-Botschafter in den beiden Ländern, die Vorsitzenden der jeweiligen Kulturgemeinschaften, eigene Dienste. Nicht zuletzt diese gründliche Vorbereitung von Carter führte zu der Einigung und zum Friedensvertrag.

Informieren Sie sich so gründlich wie möglich über folgende beispielhafte Punkte, die Ihre Gesprächspartner betreffen:

- *Zum Unternehmen*
  Marktsituation, Marktanteile, Wettbewerbssituation, mögliche Einflussfaktoren (Gesetze, politische Abhängigkeiten, Branchenumfeld, Unternehmensrichtlinien) …
- *Zur Person*
  Hierarchische Stellung, Entscheidungsbefugnisse, Persönlichkeit, welche Stellung hat die Person innerhalb ihrer eigenen Gruppe, Abhängigkeiten …
- *Zu den Themen*
  Was sind die Schwerpunkte, Nebenthemen, Themen, die erst zu einem späteren Zeitpunkt wichtig werden? Was könnte darüber hinaus noch im Interesse des Gesprächspartners liegen (z. B. Ideen für weitere Anwendungsmöglichkeiten, Synergie-Transfer, langfristige Zusammenarbeit, Folgeprojekte, …)?
- *Zu externen/internen Gegebenheiten*

Regulatorien, bestehende und zukünftig erwartete Gesetzgebungen, auch ungeschriebene Gesetze, Verhaltenskodizes

Genauso wichtig, wie sich über den Verhandlungspartner zu informieren, ist es, einen gemeinsamen Wissensstand herzustellen und sich auch immer wieder zu vergewissern, dass alle Beteiligten darüber verfügen und auch das Gleiche verstehen.

→ *Beispiel*

Wir haben einen Graphic Recorder beauftragt, einen Text zum Thema: »Was ist ein Gedanke?« mit einem gezeichneten Bild darzustellen. Der Graphic Recorder machte ein sehr attraktives Angebot und war auch zeitlich flexibel und schnell. Den ersten Entwurf der Zeichnung hat er nach ein paar Tagen geschickt. Daraufhin haben wir einige Änderungen besprochen und zwei Tage später erhielten wir die fertige Zeichnung. In diesem Augenblick ist uns noch ein Detail aufgefallen, das wir unbedingt geändert haben wollten. Während des Telefongesprächs war zu merken, dass der Zeichner von einer erneuten Änderung wenig begeistert war. Folgender Dialog fand statt:

GR: *Also, ich habe Ihnen ein sehr gutes Angebot gemacht, eine nochmalige Änderung ist in diesem Budget nicht drin. Das haben wir gestern auch nicht so besprochen.*

BH: *Mir ist nicht wichtig, dass wir noch eine kostenlose Änderung bekommen, mir ist die Änderung des Details wichtig. Sagen Sie einfach, was das kosten soll. Dann werden wir das bezahlen.*

Beide Seiten waren verärgert; der Graphic Recorder, weil er sich über den Tisch gezogen und unter Druck gesetzt fühlte; wir, weil wir uns mehr Kundenfreundlichkeit erhofft hatten und unter Rechtfertigungszwang standen. Dieser Ärger auf beiden Seiten hätte sehr leicht durch klare, genaue Informationen und Absprachen (genaue Erwartung, Leistungspaket, Terminplan etc.) vermieden werden können.

Allen Beteiligten sollten das Thema, das Ziel, der Umfang einer Verhandlung klar sein. Beim Start einer Verhandlung kann dies beispielsweise durch eine einleitende Zusammenfassung sichergestellt werden. Zudem sollte auch immer wieder ein Fazit gezogen werden, ob auch wirklich alle das Gleiche verstanden haben. Und lieber ein Punkt zu viel besprochen als ein Punkt zu wenig.

Faktor Information

Gehen Sie in keine Verhandlung, ohne den Faktor Information umfassend zu berücksichtigen. Denn nur, wenn Sie über eine solide Wissensbasis verfügen, können Sie adäquat reagieren, Alternativen erkennen und auf Ihr Gegenüber eingehen.

1.2 Ergebnis: nie das Ziel aus den Augen verlieren

→ *Beispiel*

Verhandlungspartner sind auf der einen Seite ein renommierter, mächtiger Autobauer und auf der anderen Seite eine Zulieferfirma, die das Akustikpaket für ein neues Auto entwickelt, Volumen 100 Mio. Euro über die gesamte Projektlaufzeit. Der Fahrkomfort im Sinne eines geräuscharmen Fahrens wurde vor einigen Jahren immer wichtiger in der Fahrzeugentwicklung. Gleichzeitig steigt der Kostendruck. In diesem Beispiel hatte die Entwicklungsfirma enorm viel in die Entwicklung investiert und die Kosten für die Prototypwerkzeuge übernommen. Beide Vertragsparteien einigten sich auf einen Preis A für das Akustikpaket. Kurz vor dem Start der Serienproduktion verhandelte der Autobauer nach und wollte weitere drei Prozent Preisreduktion. Der Autobauer erhöhte damit den Druck auf den Zulieferer, so gerieten alle Verhandlungspartner unter enormen Zeitdruck. Der Zulieferer stand zu diesem Verhandlungszeitpunkt mit den bereits vorgeleisteten Projektkosten mit dem Rücken an der Wand und somit vor dem Abbruch des Projekts. Somit hätte auch der Autobauer verloren, der einen neuen Lieferanten hätte suchen müssen. Eine bedrohliche Patt-Situation. Keiner konnte/wollte dem anderen entgegenkommen. Und der Verhandler auf Seiten des Autobauers beharrte auf seiner überlegenen Position, er sei der Aufraggeber, vertraglich seien die drei Prozent Preisreduktion möglich und diese drei Prozent seien auch nicht verhandelbar, denn der Zulieferer müsse sowieso froh sein, einen so renommierten Kunden zu haben.

Dass das Auto doch noch rechtzeitig auf den Markt kommen konnte, ist dem Umstand zu verdanken, dass der Autobauer seinen Verhandler auswechselte und durch eine Person ersetzte, die keine überlegene Position einnahm, sehr wohl die Situation des Zulieferers registrierte, aber auch die eigene schwierige Lage erkannte. Nun saßen zwei Personen in dem Bewusstsein am grünen Tisch, dass ohne eine Einigung beide Parteien so große Verluste erleiden würden, dass sie sich nur sehr langsam davon erholen würden. Und so kam es auch zu einer Einigung, die für den Zulieferer sehr schmerzhaft war, aber dennoch akzeptiert werden konnte.

Haben Sie nicht auch schon beobachtet, dass sich Ihre Gesprächspartner manchmal an einzelnen Punkten »festbeißen«? Manchmal so »verbissen«, dass sie gar nicht mehr zu flexiblen Überlegungen in der Lage waren? Vielleicht ist es Ihnen sogar selbst schon so ergangen. Der erste Verhandler des Autobauers hätte fast verhindert, dass das Auto noch zum geplanten Zeitpunkt auf den Markt kommt, mit fatalen Folgen für alle Beteiligten. Das Ziel, neues Automodell zu einem bestimmten Zeitpunkt verfügbar, hatte er aus den Augen verloren. Und nur das Eingreifen seines Vorgesetzten verhinderte Schlimmeres.

Auch folgendes Beispiel illustriert, wie wichtig der Fokus auf das Gesamt-/Endergebnis ist und wie wenig hilfreich es sein kann, wenn unflexibel an einem einzelnen Paragraphen/Punkt festgehalten wird.

Nehmen wir wieder das Beispiel einer Gehaltsverhandlung. Sie möchten nun eine Gehaltserhöhung durchsetzen und haben seit zwei Jahren nicht mit Ihrem Vorgesetzten über eine Gehaltsanpassung gesprochen. Jetzt, nachdem Sie erfolgreich ein besonders wichtiges Projekt innerhalb der Zeit- und Budgetvorgaben abgeschlossen haben, ist es an der Zeit und ein Muss, dass eine deutliche Anpassung Ihres Gehalts erfolgt. Sie wollen 400 Euro mehr Gehalt. Das ist Ihr unbedingtes Ziel. Ansonsten sind Sie auch bereit, über alternative Arbeitgeber nachzudenken. Sie bereiten sich vor und legen Ihre Argumente fest:

Sie führen aus, beispielsweise, dass

- Sie in den vergangenen Monaten ein Projekt erfolgreich geleitet und abgeschlossen haben.
- Ihr Unternehmen durch das Projekt pro Jahr 15 Prozent Kosteneinsparungen realisieren kann.
- Sie hoch engagiert viele Wochenenden in das Projekt investiert haben.
- etc.

Keines Ihrer Argumente »sticht« und Sie erhalten immer wieder die Antwort, dass Ihre Arbeit zwar gut war, aber kein Budget für Gehaltsanpassungen vorhanden sei. Zuerst ärgert Sie das. Sie geben aber nicht auf und führen weitere Argumente an, um so doch noch die 400 Euro Gehaltserhöhung zu erreichen. Im Laufe des Gesprächs merken Sie, dass Sie wohl »auf verlorenem Posten« stehen, und nach und nach empfinden Sie die strikte Ablehnung als sehr unfair. Schließlich müssen Sie akzeptieren, dass Sie Ihre Gehaltsforderung nicht durchsetzen können, und verlassen frustriert, verärgert, enttäuscht das Gespräch.

Nehmen wir weiter an, Sie sind nicht auf die Idee gekommen, dass Sie außer den 400 Euro auch noch über alternative Möglichkeiten der finanziellen Wertschätzung hätten sprechen können.

Beispielsweise

- ein Firmenfahrzeug,
- eine exklusive Fortbildung,
- zusätzlich Urlaubstage,
- Fahrtkostenzuschuss,
- Bonus bei Zielerreichung,
- Zuschuss zur privaten Krankenversicherung,
- Übernahme der Kosten für das Au-pair … und so weiter.

Indem man ganz bewusst seine eigene Perspektive auf das Verhandlungsthema so weit wie möglich erweitert und sich auf ein Gesamtergebnis, das am Ende erreicht werden soll, konzentriert, gelingt es besser, alternative Überlegungen anzustellen und entsprechende Vorschläge zu unterbreiten.

Damit dies leichter gelingt, können Sie sich zu dem, was Sie erreichen wollen, folgende Fragen (beispielsweise) stellen:

- Aus welchem Grund will ich 400 Euro Gehaltserhöhung bekommen?
- Was will ich damit erreichen?
- Was genau ist mir wichtig daran?
- Was außerdem könnte eine gute Lösung sein?

Diese Fragen klingen im ersten Augenblick etwas banal, entfalten jedoch ihre Wirkung und unterstützen bei der mehrperspektivischen Betrachtung einzelner Verhandlungspunkte.

Denken Sie immer daran, was mit der Verhandlung tatsächlich erreicht werden soll. Denn sehr häufig gibt es nicht nur eine Lösung. Der Bezug zum Endergebnis kann auch schwierige Phasen entschärfen (»Wir wollen doch das Gleiche«) und alle Beteiligten wieder auf die Sachebene bringen.

Faktor Endergebnis

Behalten Sie immer das gewünschte Ergebnis im Blick. Damit können Sie Druck aus dem Gespräch nehmen und den Blick weit halten.

1.3 Lösung: gemeinsam Resultate entwickeln

→ *Beispiel*

Frau Hütteli aus der Schweiz ist seit langem eine erfolgreiche und respektierte Abteilungsleiterin in einem großen Unternehmen, verantwortlich für alle Belange der Konzernkommunikation und berichtet direkt an den CIO (Chief Information Officer). Dieser verlässt das Unternehmen und der neue CIO will seinen eigenen Kommunikationsabteilungsleiter »von draußen« mitbringen. Der neue – nennen wir ihn Herr Fränkli – wird eingestellt und Frau Hütteli wird vor vollendete Tatsachen gestellt, indem ihr eine weniger attraktive Position ohne Führungsverantwortung angeboten wird, die sie ablehnt. Der Betriebsrat unterstützt sie. Ein Gespräch zwischen dem neuen CIO und Frau Hütteli findet zwar statt, dauert aber weniger als dreißig Minuten und endet fruchtlos.

Der CIO setzt sich durch und erringt seinen Sieg – Herr Fränkli wird neuer Kommunikationschef. Frau Hütteli verbleibt vorerst noch im Unternehmen, leistet fehlerfreien Dienst nach Vorschrift und reduziert ihr persönliches Engagement um die Hälfte – bis zu dem Tag, als sie das Unternehmen verlässt. Intern beginnt der Klatsch, es wird getratscht und geflüstert und Herrn Fränkli das Leben nicht gerade angenehm gemacht. Dies geht so lange, bis Herr Fränklii nach acht Monaten das Handtuch wirft.

Der Sieg des CIO erweist sich als Pyrrhussieg, dem Unternehmen ist ein nicht unerheblicher Schaden entstanden, der vermeidbar gewesen wäre, hätte man mit Frau Hütteli gemeinsam nach Lösungen (Aufgabengebieten, Sonderprojekten …) gesucht, die ihr trotz der Einstellung Fränklis den Verbleib im Unternehmen ermöglicht hätten.

Wer in Verhandlungen gewinnt, scheint auf den ersten Blick im Vorteil zu sein. Doch Vorsicht: Überall da, wo es Gewinner gibt, gibt es auch Verlierer. Und häufig ist es auch so, dass sich wie im Fall von Frau Hütteli ein scheinbarer Sieg als Bumerang entpuppt.

Schlagfertigkeit mag eine erwünschte rhetorische Tugend zu sein – in Verhandlungen ist sie jedoch oftmals von Nachteil. Denn wenn einer ein Gespräch »gewinnt«, muss der andere verlieren. Zahlreiche Untersuchungen haben ergeben, dass Menschen, die denken, dass eine Verhandlung für sie selbst hätte besser laufen können und dass sie übervorteilt wurden, vielfach kein besonderes Interesse daran haben, sich an Vereinbarungen zu halten. Dieser Effekt sollte niemals unterschätzt werden. Deshalb trachten Sie danach, dass möglichst alle Beteiligten mit einem »guten Gefühl« vom Verhandlungstisch aufstehen. Zudem, welcher Besiegte möchte erneut mit seinem »Bezwinger« zu tun haben? Kein Sieg ohne Beigeschmack.

Faktor Lösung

Jeder Sieg bedeutet, dass es einen Verlierer gibt. Fast immer gilt daher, wenn eine Verhandlung lösungsorientiert geführt wird, kann die Verhandlung an sich positiv gestaltet und ein für alle Beteiligten befriedigendes Ergebnis erreicht werden. ■

1.4 Fairness: als oberste Prämisse formulieren

Der Faktor Fairness spielt bei Verhandlungen eine wichtige Rolle. Fairness wird von fast allen Menschen, kulturübergreifend und in den meisten Regionen der Welt erwartet.

Was genau ist überhaupt Fairness? Schaut man im Duden nach, so findet man folgende Definition (Duden 2017):

Anständiges Verhalten; gerechte, ehrliche Haltung andern gegenüber.

Im Gabler Wirtschaftslexikon (2017) wird Fairness als ein Teil von Gerechtigkeit beschrieben und Ulrich Wiek, Kommunikationstrainer und Autor aus Heidelberg, definiert Fairness wie folgt:

»Fairness ist eine innere Haltung (Einstellung) sowie das entsprechende eigene Handeln. Eine faire Einstellung und faires Handeln streben nach einer ausbalancierten Rücksichtnahme, d. h. der gerechten Berücksichtigung der Interessen aller Betroffenen.« (wirtschaftsblog.de 2017).

Es gibt daher ein soziales Verständnis darüber, was man unter fairem Verhalten versteht. Fairness bezieht sich dabei immer auf Respekt und Wertschätzung vor dem Gegenüber und seinen Interessen. Die meisten Menschen wollen fair behandelt werden. Zugleich gibt es kein absolut faires Verhalten, sondern immer nur relatives. Was fair ist, liegt im Auge des Betrachters – und das macht es gleichzeitig so schwer, immer fair zu sein.

Stellen Sie sich vor, Sie haben 20 Euro und die Aufgabe, diesen Betrag fair mit Ihrem Gegenüber zu teilen. Außerdem können Sie sich sicher sein, dass Sie Ihr Gegenüber anschließend niemals wiedertreffen. Wie viel geben Sie ihm dann ab? Vielleicht fünf Euro? Oder gar nur zwei? Ist es fair, überhaupt einen größeren Betrag abzugeben, wenn der andere gar kein Anrecht darauf hat? Vielleicht ist Ihr Gegenüber schon zufrieden, wenn er nur einen winzigen Betrag bekommt? Und wenn das stimmt, warum geben Sie dann beispielsweise im Urlaub Trinkgeld, wenn Sie die Bedienung sehr wahrscheinlich nie wiedersehen werden?

Stellen Sie sich nun vor, dass Sie mit Ihrem Gegenüber jedoch häufiger zusammenarbeiten werden. Oder dass die nächste Runde mit vertauschten Rollen gespielt wird und Sie ein Angebot von Ihrem Gegenüber erhalten. Wie viel geben Sie jetzt von Ihren 20 Euro ab? Vielleicht acht oder zehn?

Dieses kleine Spiel nennt man in der Wissenschaft »Diktator-Spiel«, weil eine Partei völlig autokratisch bestimmen kann, wie das Geld verteilt wird – und die andere Partei annehmen muss (die schwächere Variante ist das Ultimatum-Spiel, bei der die Gegenseite ein Angebot auch ablehnen kann und dann keiner etwas bekommt). Interessant ist nun, was passiert, wenn sich die Mitspieler unfair behandelt fühlen. Oft beobachtet man im Falle einer unfairen Teilung ein »Wie du mir, so ich dir«-Verhalten, das man »negative Reziprozität« nennt. Man fühlt sich ungerecht behandelt, ist wütend auf sein Gegenüber oder überträgt seine schlechte Laune auf unbeteiligte Mitmenschen und behandelt diese dann ebenfalls unfair. Untersucht man dabei die Hirnaktivität von Probanden, die in einem Ultimatum- oder Diktator-Spiel gerade unfair behandelt wurden, zeigt sich, dass unter anderem die Inselrinde verstärkt aktiv ist (Wu u. a. 2015). Dieser Teil des Gehirns ist an vielen geistigen Leistungen beteiligt und reguliert unter anderem auch das unangenehme Gefühl einer Bestrafung oder eines Verlusts. So aktiviert nehmen wir eine ablehnende Abwehrhaltung ein und fühlen uns persönlich bestraft. Mit diesen Gefühlen lässt sich sicher keine langfristig erfolgreiche Verhandlung führen.

Vergessen Sie nicht: Was als ethisch fair empfunden wird, entscheidet auch Ihr Gegenüber. Und ob Ihr Verhalten, Ihr Angebot, Ihre Forderungen und auch der Verhandlungsprozess mit Ihnen als fair wahrgenommen werden, entscheiden weniger Sie als vielmehr Ihre Gesprächspartner. Umgekehrt gilt das auch – denn die Inselrinde wird auch aktiviert, wenn wir selbst unfair handeln. Dies kam heraus, als Probanden in einem Gedankenexperiment zehn hungrigen Kindern Essen zuteilwerden lassen oder wegnehmen sollten. Im ersten Fall sollten sie entscheiden, ob es besser wäre, einem Kind zehn Extraportionen zu geben oder zwei Kindern jeweils vier Portionen. Im anderen Fall hatten alle Kinder schon Extraportionen erhalten und die Probanden mussten entweder einem Kind zehn Portionen wegnehmen oder zwei Kindern jeweils vier. Eine knifflige Entscheidung, die auch im Gehirn unterschiedlich beurteilt wurde. Während man im ersten Fall (der Zuteilung von Essensportionen) Regionen aktivierte, die auch für unser Belohnungsempfinden zuständig sind, waren im Falle des Essensentzugs wieder Teile der Inselrinde aktiv (Hsu u.a. 2008). Unfaires Behandeln kann unter Umständen also auch bei uns selbst ein negatives Bestrafungsgefühl auslösen.

Unfairness und Bestrafung werden im Gehirn ähnlich verarbeitet. Das erklärt auch, weshalb es so wichtig ist, in Verhandlungen und Konfliktlösungsprozessen auf den Faktor Fairness einzugehen. Wir denken, dass mit fairem Verhandlungsverhalten Beziehungen nachhaltiger, langfristiger und einfacher gelingen als ohne. Denken Sie nur an sich selbst: Sie verhandeln auch lieber mit Menschen, von denen Sie annehmen, dass sie sehr wahrscheinlich fair sein werden, als mit anderen.

Unfairness ist einer der gravierendsten Verhandlungskiller. Sie können jemanden zu Ihrem eigenen Vorteil über den Tisch zu ziehen. Doch das kann sich nachhaltig negativ auswirken, vor allem dann, wenn man sich bei der nächsten Verhandlung wiedersieht. Das Phänomen der negativen Gegenseitigkeit (»Dem zeig ich es beim nächsten Mal!«) führt dann dazu, dass man bei der folgenden Verhandlung selbst nützliche Vereinbarungen ablehnt, nur weil man denkt, diese seien nicht fair (Guth/Tietz 1990).

→ *Beispiel*

In einem mittelständischen Unternehmen wollte man eine 60 m² große Fläche mit einfachen weißen (50 × 50 cm) Fliesen verkleiden lassen. Mit einem Ein-Mann-Unternehmen arbeitete man bereits seit einigen Jahren gut zusammen. So hat man auch diesmal wieder ein Angebot für diese Arbeiten erbeten. Einige Tage später wurde das Angebot über 3900 Euro unterbreitet. Der Auftraggeber sagte: »Das ist mir eindeutig zu viel für diese kleine Fläche!« und der Fliesenleger reduzierte sein Angebot um 600 Euro. Den Auftrag hat er trotzdem nicht bekommen. Wenn jemand seinen Preis um 600 Euro bei einem Gesamtvolumen von 3900 Euro reduzieren kann, dann hat er vorher nicht fair kalkuliert.

Auch auf dem Golfplatz kann sich Fairness auszahlen: Kurt W. Zimmermann hat in seinem amüsanten Buch »Echte Golfer weinen nicht« (2012) geschrieben, dass beim Golfspielen Regeltreue zur Charakterfrage wird. Er bezieht sich auf eine Umfrage in den USA (McKenzie 2009), derzufolge 82 Prozent der Manager beim Golf betrügen würden. So war es für Zimmermann ein Genuss, mit einem Bauunternehmer zu spielen, dem ein fantastischer Schlag aus einem Wasserhindernis gelang und der (fairerweise) nach dem Schlag sagte: »Der Schlag war ok, aber ich habe den Boden berührt. Sie müssen mir zwei Strafschläge notieren.« So einem Bauunternehmer gäbe Zimmermann (und viele andere Menschen auch) doch gerne einen Auftrag für die nächste Renovierung.

Fairness ist elementarer Bestandteil jeder Verhandlung und kann sogar objektive oder quantifizierbare Kriterien überlagern.

→ *Beispiel*
Die Vertreter eines Hotels verhandeln mit Vertretern einer Buchungsplattform über die Präsentation und den »Verkauf von Zimmern« auf der Plattform. Ziel des Hotels ist die Steigerung der Auslastung besonders in der Nebensaison. Dafür soll der Buchungsplattform ein Kontingent sowie ein besonders günstiger Preis zur Verfügung gestellt werden. Die Preisvorstellungen der Vertreter der Buchungsplattform liegen bei weniger als 50 Prozent der normalerweise angebotenen Zimmerpreise. Eine extreme Differenz, die von den Hotelvertretern als »unanständig« empfunden wird. Obwohl eine Kooperation mit der Buchungsplattform die Auslastung gerade in den tendenziell schwächeren Nebensaison-Zeiträumen um sicher einige Prozentpunkte gesteigert hätte, lehnen die Hotelvertreter die Vereinbarung ab.

Faktor Fairness

Der Faktor Fairness ist bei jeder Verhandlung zentral. Wird ein erzieltes Ergebnis von allen Beteiligten als fair empfunden, so entsteht ein dauerhaftes Commitment. Bedenken Sie immer, jedes unfaire Agieren wirkt nachhaltig negativ.

■

1.5 Beziehung: kontinuierlich pflegen und festigen

Meist haben Verhandler zwei Grundinteressen: den Sachgegenstand und die persönliche Beziehung zum Gegenüber. Wer daher Menschen und Probleme getrennt betrachtet, ist im Vorteil. Das haben als Erste überhaupt Fischer, Ury und Patton in ihrem Weltverhandlungsbestseller »Das Harvard-Konzept« (2004) ausgeführt.

»Zwischen Ihnen und mir ist alles in Ordnung. Wir schätzen einander als klare Verhandler schon seit einigen Jahren. Hier jedoch haben wir ein Problem, das wir irgendwie lösen müssen.«

Mit dieser Einstellung haben Verhandlungen ganz andere Vorzeichen. Die Verhandlungspartner haben zwar unterschiedliche Vorstellungen zu einem Sachverhalt, verhandeln auch hart, aber sie sind keine Gegner.

Ihre Verhandlungspartner erreichen deren Ziele leichter mit Ihnen, wenn sie Sie mögen, wenn sie Ihnen vertrauen und wenn sie glauben, dass Sie auch deren Ziele/Vorteile im Auge haben, nicht nur Ihre eigenen.

Das heißt jetzt für Sie und Ihre Gespräche: Stellen Sie eine gute Beziehung zu Ihren Dialogpartnern her:

- Zeigen Sie konsequent auf, dass Ihnen auch der Nutzen für die andere Partei wichtig ist.
- Seien Sie positiv, konstruktiv und flexibel im Denken.
- Bewegen Sie sich immer wieder zwischen den Perspektiven hin und her: zwischen Ihrer eigenen und der der anderen Seite.
- Gehen Sie bei einigen Punkten in Vorleistung. »Die Marktanalyse kann meine Abteilung übernehmen. Dann haben wir valide Daten, mit denen wir arbeiten können.«
- Seien Sie persönlich, in dem Sie z. B. erzählen, dass Ihre Tochter beim letzten Leichtathletikwettkampf den dritten Platz erreicht hat.

Immer weniger Menschen sind bereit, Entscheidungen, bei denen sie nicht mitwirken konnten, zu akzeptieren. Ein Beispiel:

In einer kleineren Gemeinde hat die Gemeindeverwaltung/der Gemeinderat entschieden, das alte Schwimmbad zu sanieren und dafür ziemlich viel Geld auszugeben. Für die Gemeindevertreter war es überhaupt keine Frage, dass sich die Bürger über ein renoviertes Schwimmbad freuen würden, und so hat man es auch nicht für notwendig gehalten, die Bürger in der Entscheidungsphase zu integrieren. Erst als die Bürger opponierten, wurde eine Bürgerbefragung durchgeführt und siehe da – die Bürger wehrten sich gegen eine weitere Verschuldung, die damit einhergegangen wäre, und stimmten gegen die Renovierung, obwohl das bedeutete, dass sie nun kein eigenes Schwimmbad mehr haben würden. Ergebnis: Baustopp für die nächsten drei Jahre. Doch da waren bereits Kosten im hohen sechsstelligen Bereich angefallen – für Planung, Architekt und Ausschreibung.

Noch vor 20 Jahren hätten sich die meisten Bürger gar nicht für die Frage »Bauen oder nicht bauen?« interessiert, sondern gedacht: »Ein neues Schwimmbad ist toll für unsere Gemeinde!« Wer nicht an die Interessen der Menschen bzw. Verhandlungspartner denkt bzw. diese aktiv in die Problemlösung integriert, wird keine gute und nachhaltige Beziehung zu ihnen aufbauen können. Es ist unstrittig, dass es wesentlich leichter ist, zu jemandem »Nein« zu sagen, mit dem einen nichts verbindet. Eine gute Beziehung zum Verhandlungspartner »rettet« so manches Gespräch und selbst, wenn keine Lösung möglich ist bzw. eine Verhandlung scheitert, kann eine gute persönliche Beziehung zum Gesprächspartner bestehen bleiben (»Diesmal kommen wir leider nicht zusammen, die Vorstellungen sind einfach zu unterschiedlich. Wir werden Sie wieder anrufen, wenn wir unser nächstes Projekt planen.«).

Es kommt vor, dass in Verhandlungen eben keine Ergebnisse erzielt werden können. Die (gute) Beziehung bleibt dann trotzdem bestehen und kann Ihnen zu einem späteren Zeitpunkt wieder nützlich sein.

Auch wenn man innerlich spürt, eine Verhandlung gewonnen zu haben, ist es besser, seine Gefühle zurückzuhalten.

Manchmal wird man nach dem Ende einer Verhandlung beispielsweise wie folgt befragt:

»Wir haben uns ja nun geeinigt und der Vertrag ist unterzeichnet. Alles bestens. Doch eine Frage hätte ich noch an Sie:

Wären Sie bereit gewesen, uns noch einen Prozentpunkt entgegenzukommen/mehr zu bezahlen/schneller zu liefern?«

Niemals sollten Sie auf solche Fragen eine Antwort geben. Welche Handlungsspielräume Sie gehabt haben, sollte immer Ihr Geheimnis bleiben. Denn Sie können sicher sein, dass sich – für den Fall, dass Sie tatsächlich antworten – Ihr Gesprächspartner beim nächsten Mal sehr genau an Ihre Antwort erinnern wird.

Kunkel, Bräutigam und Hatzelmann nennen dies »Nachkarten oder Knabbern« (2006, S. 226f). Dabei geht es darum, dass Verhandler häufig damit konfrontiert sind, dass kurz vor Vertragsabschluss von der Gegenseite noch eine kleine Nachforderung gestellt bzw. noch ein kleines Zugeständnis verlangt wird. Die Autoren geben den wichtigen Hinweis, dass Menschen in dieser Situation oft geneigt sind, in die »Ach-diese-Kleinigkeit-Falle« zu tappen, und führen als wirkungsvolle Strategie dazu an, einfach eine Gegenforderung zu stellen, denn somit ist der Gesprächspartner wieder am Zug und müsste die letzte Entscheidung treffen.

Faktor Beziehung

Je besser die Beziehung zu Ihrem Verhandlungspartner ist, desto besser wird auch das erzielte Ergebnis sein. Ihr Gegenüber wird bei einer guten Beziehung auch schwierige Punkte eher akzeptieren. Beziehungspflege zahlt sich immer aus – nicht nur in monetärer Hinsicht. ■

1.6 Quintessenz aus diesem Kapitel

- Die fünf Verhandlungsfundamente zu berücksichtigen, immer gut informiert sein, das Ziel fokussieren, lösungsorientiert und fair sein sowie immer die Beziehung wertschätzen, ist essenziell.
- Die Perspektive in Verhandlungen zu wechseln und zu antizipieren, was dem anderen wohl wichtig sein könnte, ist essenziell.
- Sich so klar wie möglich auszudrücken und auch den anderen klar zu verstehen, ist essenziell.
- Gescheiterte Verhandlungen sind nicht gescheiterte Beziehungen. Verhalten, das vom Gegenüber als fair wahrgenommen wird, ist essenziell.

1.7 Fragen der Selbstreflexion

Welche Inhalte aus diesem Kapitel sind für mich persönlich besonders hilfreich? Berücksichtige ich bereits die fünf Verhandlungsfundamente?

Welche konkreten Umsetzungsschritte werde ich zeitnah planen und tun? Bei welchen Fundamenten hakt es bei mir?

Welche eigenen Erfahrungen habe ich bereits gemacht, die etwas vom Inhalt dieses Kapitels widerspiegeln?

____

____

____

____

____

Welche Schritte kann ich mir in sehr naher Zukunft für mich selbst vorstellen, um nicht in die »Schnellschuss-Handlungs-Falle« zu tappen?

____

____

____

____

____

1.8 Literatur

Ambühl, F.: Der Diplomat und seine Formel, ZEIT.de, 2009/ http://www.zeit.de/2009/53/CH-Diplomat, letzter Zugriff 5.1.2017

Carter, Jimmy: Keeping Faith. Memoirs of a President, University of Arkansas Press, 2013, S. 327

Fischer, Ury, Patton: Das Harvard-Konzept, 22. Auflage, Frankfurt, Campus Verlag, 2004, S. 43

Guth, W., Tietz, R.: »Ultimatum Bargaining Behavior: A Survey and Comparison of Experimental Results«, Journal of Economic Psychology, Bd. 11, 1990, S. 417 ff.

Hsu M., Anen C., Quartz S. R.: The right and the good: distributive justice and neural encoding of equity and efficiency, Science, 2008, 320(5879):1092-5

http://www.duden.de/rechtschreibung/Fairness, letzter Zugriff 5.1.2017

https://fairnessblog.com/category/fairness/page/2/, letzter Zugriff 5.1.2017

http://wirtschaftslexikon.gabler.de/Archiv/6013/gerechtigkeit-v9.html, letzter Zugriff 5.1.2017

Kunkel, Bräutigam, Hatzelmann: Verhandeln nach Drehbuch, Heidelberg, Redline Wirtschaft, 2006, S. 226 f.

McKenzie S., Driven to Cheat: A Study onthe Drivers of Dishonesty – through the Game of Golf, Duke University Durham, 2009

Wu Y., Zang Y., Yuan B., Tian X.: Neuralcorrelates of decision making after unfair treatment, Front Hum Neurosci, 9:123, 2015

Zimmermann, Kurt W.: Echte Golfer weinen nicht, 6. Auflage, München, COPRESS Verlag in der Stiebener Verlag GmbH, 2012, Seite S. 46

Kapitel 2: Fünf Aspekte erfolgreicher Verhandlung

Der Begriff GRASP besteht nicht nur aus fünf Buchstaben, sondern ist ein Verb, das aus dem Englischen übersetzt

to grasp → etwas verstehen, begreifen, fassen

bedeutet. Denn darum geht es genau: zu verstehen, was allen Personen am Verhandlungstisch wichtig ist, was jeder Anwesende erreichen möchte und wie mögliche Lösungen aussehen können, was als fair erachtet wird, welche Alternativen es gibt und wie man seine Gesprächspartner für sich gewinnen kann.

Jeder verhandelt jeden Tag.

Damit Sie dies in fünf Schritten (Bild 2.1) klar strukturiert und wirkungsvoll tun können, finden Sie im Anhang den GRASP Verhandlungsplaner (Billings-Yun 2010), mit dem Sie – wenn Sie mögen – Ihre eigenen Verhandlungen professionell vor- und nachbereiten können. Nur zu – Sie können es! Sehen Sie sich jetzt die einzelnen Schritte etwas näher an. Vielleicht haben Sie bereits eine eigene Verhandlungssituation vor Ihrem geistigen Auge. Dann machen Sie sich gleich Notizen, sobald Ihnen bei den einzelnen Schritten Ideen in den Sinn kommen.

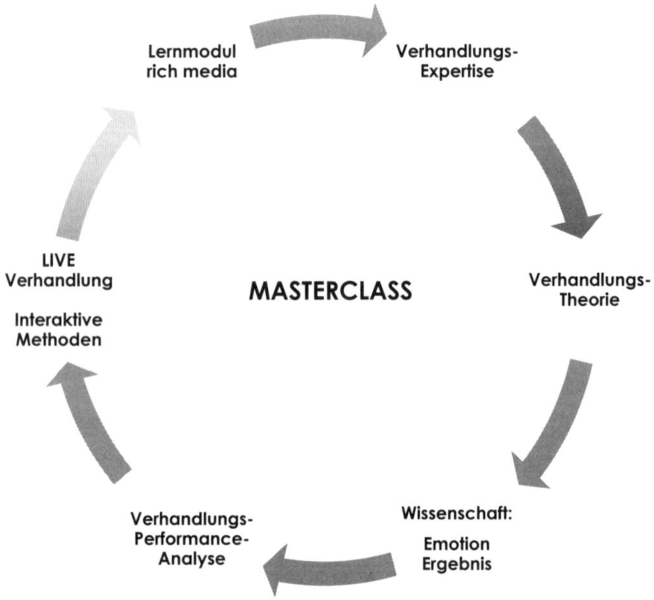

Bild 2.1 GRASP-Schritte im Zyklus (in Anlehnung an Billings-Yun, M.)

2.1 Goals – Ziele kennen

> Das G in GRASP steht für GOALS (Ziele).

Selbst klare Ziele zu haben und so genau wie nur möglich über die Ziele der anderen Bescheid zu wissen, bedeutet, Ziele zu erreichen. Vielleicht fragen Sie sich nun, wie Sie denn die Ziele Ihrer Verhandlungspartner kennen können? Nun, zum einen mit Hypothesen, zum anderen indem Sie fragen.

→ *Beispiel*

Ein Zahnarzt will in eine neue Behandlungseinheit investieren, Kosten hierfür ca. 60 000 Euro. Er geht zu dem Lieferanten, der ihn schon seit zwanzig Jahren beliefert. Dieser bietet die Einheit mit einem Rabatt von 4 Prozent für 57 600 Euro an.

Der Zahnarzt holt ein zweites Angebot ein. Der Mitarbeiter von Super-Dental kommt in die Praxis und stellt zuerst viele Fragen:

MA: *Was ist denn der Grund dafür, dass Sie jetzt eine neue Behandlungseinheit kaufen wollen?*

Dr. Zahn: *Die Einheit in meinem dritten Behandlungszimmer ist schon ziemlich alt. Ich habe Sorge, dass ich bald nicht mehr damit arbeiten kann.*

MA: *Aha, Ihnen ist also wichtig, dass Ihr Praxisbetrieb ohne Einschränkung in allen drei Räumen parallel weiterläuft. Was noch?*

Dr. Zahn: *Ja, natürlich will ich gerne in allen Räumen mit der neuesten Technik arbeiten.*

MA: *Verstehe. Was genau heißt das für Sie?*

Dr. Zahn: *Die Einheit muss die Komponenten x,y,z haben und ein integriertes AB, somit kann ich xyz Behandlungen zeitsparender durchführen.*

MA: *Ja. Zeitersparnis ist natürlich ein Punkt, der für Sie große Bedeutung hat. Damit werden Sie noch effizienter arbeiten. Was noch?*

Dr. Zahn: *Oh, gut dass Sie fragen: Mir ist wichtig, dass der Einbau so erfolgt, dass meine Patienten davon nichts mitbekommen.*

MA: *Verstehe. Was muss sonst noch sichergestellt werden?*

Dr. Zahn: *Relativ kurze Lieferzeit. Ich möchte gerne noch in diesem Jahr investieren. Wie schnell können Sie liefern?*

MA: *Welcher Termin wäre Ihnen denn am liebsten?*

Dr. Zahn: *Ende November. Die neue Einheit soll in Raum 1 installiert werden, jene von Raum 1 in Raum 3 und die alte Einheit von Raum 3 soll entsorgt werden.*

MA: *Das ist auf jeden Fall machbar.*

Dr. Zahn: *Schön. Wie viel soll das alles kosten?*

MA: *Vorab noch eine Frage in Bezug auf die Investition, Bezah-*

lung und Finanzierung: Gibt es da Punkte, die Ihnen besonders wichtig sind?

Dr. Zahn: *Ja. Ich möchte die Einheit gerne zu fünfzig Prozent bar bezahlen und den Rest über drei Jahre finanzieren.*

MA: *Auch diese Konstellation bieten wir manchmal an. Nicht alle Zahnärzte können bzw. wollen fünfzig Prozent bar bezahlen. Das spricht für Ihre gutgehende Praxis. Ich schicke Ihnen bis morgen ein maßgeschneidertes Angebot zu. Dann besprechen wir, ob wir tatsächlich an alles gedacht haben oder ob noch der eine oder andere Punkt zu optimieren ist.*

Der Mitarbeiter von Super-Dental hat durch sein Interesse sowie durch kluge Fragen und eine geschickte Gesprächstechnik sehr viel über die Ziele des Zahnarztes erfahren. In dieser Phase ist es wichtig, nicht sofort mit Lösungsvorschlägen zu kommen, sondern sich zuerst einmal zurückzunehmen, Fragen zu stellen und Informationen zu sammeln.

Super-Dental hat genauso wie der Zahnarzt auch eigene Ziele. Ganz vorne steht dabei die Umsatzgenerierung. Tabelle 2.1 fasst die Ziele des Zahnarztes und die Ziele des Lieferanten, Super-Dental, zusammen.

Jetzt stellt sich die Frage, ob alle Ziele gleich wichtig sind. Stellen Sie sich vor, Sie wären an der Stelle des Zahnarztes und müssten nun die Ziele kategorisieren – in kurz-, mittel- und langfristige. Wie würden Sie entscheiden?

> »Wenn ein Seemann nicht weiß, welches Ufer er ansteuern muss, dann ist kein Wind der richtige.« (Seneca)

Sich so genau wie möglich über seine eigenen Ziele und deren Priorisierung im Klaren zu sein, ist für ein erfolgreiches Verhandlungsergebnis ebenso unabdingbar, wie Hypothesen über die Ziele und Interessen des Gesprächspartners anzustellen.

Tabelle 2.1 Unterschiedliche Ziele von Zahnarzt und Lieferant

Ziele Zahnarzt	Ziele Lieferant
Modernste Technik	Größtmöglicher Umsatz noch im laufenden Geschäftsjahr
Lieferung im November	Zufriedener Kunde
Reibungslose Installation	Installation wird durch Sub-Unternehmer vor Ort durchgeführt
50 % Finanzierung/50 % Barzahlung	Kunde, der rechtzeitig seine Rechnung bezahlt, zufrieden ist und Super-Dental weiterempfiehlt
Apfelgrünes Design	Apfelgrün ist erst im Januar lieferbar
Keine Filmaufnahmen im Praxisbetrieb, Videoleute »kontaminieren« die Praxisräume	Werbeagentur soll den neuen Imagefilm vor Ort drehen dürfen (weil Praxisräume so elegant und neu); Zeitaufwand ca. zwei Tage
Schulung Mitarbeiter	

Es scheint, als müssten wir sehr viel Zeit in die Vorbereitung investieren, doch wer das tut, ist im Vorteil und in der Lage, kreativ und partnerorientiert mögliche Wege aufzuzeigen, wie letztendlich ein Konsens zu einem Thema entstehen kann. Fragen Sie sich daher:

> Wie kann ich möglichst viele meiner Ziele erreichen, wenn gleichzeitig auch meine Gesprächspartner ihre Ziele erreichen werden?

■

Durch diese Vorüberlegung entstehen echte Handlungsoptionen, die Sie anschließend nutzen können. Darum geht es im nächsten Schritt.

2.2 Routes – Optionen bereithalten

Das R in GRASP steht für ROUTES (Handlungsmöglichkeiten).

Viele Wege führen nach Rom, so auch in Verhandlungen. Doch welcher ist der Weg, der Ihrem Gesprächspartner das Gefühl gibt, dass Sie nicht nur Ihre eigenen Interessen verfolgen, sondern sich ernsthaft auch um eine Lösung seiner Probleme bemühen? Denn darum geht es doch auch! Vielfach konnten wir in Verhandlungssituationen beobachten, dass die Beteiligten nur sehr einseitig aus ihrer Perspektive über Lösungen nachdenken (können). Deshalb plädieren wir dafür, dass sich Verhandlungspartner immer wieder dazu motivieren, sich ganz bewusst in die andere Seite hineinzuversetzen und aus diesem Blickwinkel den Verhandlungsgegenstand möglichst von allen Seiten und nicht nur einmal kurz und oberflächlich zu betrachten.

Wenn wir beim Zahnarztbeispiel bleiben, dann sieht ein möglicher Weg folgendermaßen aus:

MA: *Das apfelgrüne Design ist in diesem Jahr nicht mehr lieferbar, jedoch gleich Anfang Januar. Ich weiß, dass Sie noch in diesem Jahr gerne alles fertig haben möchten, das ist jedoch aufgrund der hohen Nachfrage nach Apfelgrün nicht möglich. Wenn Sie möchten, dann liefern wir Ihnen dieses Jahr noch das weiße Design.*

Dr. Zahn: *Hmmm, das ist wirklich schlecht.*

MA: *Gut, ich verstehe, dass die Farbe noch wichtiger für Sie ist als der schnelle Liefertermin. Richtig? Dann schlage ich vor, dass wir gleich Anfang Januar den Umbau so planen, dass wir bereits am Donnerstagabend damit anfangen, sodass am Freitag alles fertig und betriebsbereit ist. Somit ist es nur ein Tag, an dem Sie keine Patienten in der Praxis empfangen können, und der Ausfall ist so gering wie möglich. Dann kann die Schulung für Sie und Ihre*

Mitarbeiter am Samstag erfolgen. Für den darauffolgenden Montag kommt den ganzen Tag ein Techniker in Ihre Praxis, damit Sie sofort jemanden vor Ort haben, der bei Problemen unverzüglich eingreifen kann.

Dr. Zahn: *Mir ist Apfelgrün und die Lieferung im November gleich wichtig. Mit Ihrem Wettbewerber würde das klappen. Gibt es wirklich keine Möglichkeit?*

MA: *Was halten Sie von folgendem Vorschlag? Wir liefern weiß im November und tauschen dann im Januar aus, sobald Apfelgrün lieferbar ist. Das bedeutet zwar für uns einen höheren Aufwand, aber wir könnten so Ihre Wünsche zu fast 100 Prozent erfüllen.*

Dr. Zahn: *Das wäre gut. Kommen dadurch extra Kosten auf mich zu?*

MA: *Nein, für Sie nicht. Wir möchten Sie als neuen Kunden gewinnen, deshalb erfüllen wir ohne Mehrkosten Ihren Farbwunsch. Damit drücken wir unsere Wertschätzung für die Geschäftsbeziehung aus. Jedoch ist der Preis von 60 000 Euro alles inklusive dann effektiv nicht mehr verhandelbar.*

Wenn Ihre Gesprächspartner das Gefühl haben, dass Sie immer auch deren Interessen im Blick haben, werden Sie als integrer und glaubwürdiger Verhandlungspartner respektiert.

2.3 Arguments – Argumente definieren

Das A in GRASP steht für ARGUMENTS (Argumente).

Hier geht es weniger darum, Eigenschaften des Produkts oder die Qualität der Dienstleistung anzupreisen. Sie liefern im dritten Schritt vielmehr nachvollziehbare Erklärungen, warum Ihre Vorschläge fair, nachvollziehbar und für beide Seiten vorteilhaft sind.

Wir bleiben wieder beim Zahnarztbeispiel. Warum glauben Sie, bezahlt der Zahnarzt den um 3400 Euro höheren Preis bei Super-Dental?

Super-Dental hat verstanden, dass für den Zahnarzt die unterbrechungsfreie Behandlungsmöglichkeit wichtiger ist als der Preis. Sie bieten ihm Installation, Schulung und technische Unterstützung über ein Wochenende an – sozusagen eine Rund-um-sorglos-Garantie. Der »weiß-apfelgrüne Austausch« zeigt, dass Super-Dental wirklich daran interessiert ist, die Wünsche des Zahnarztes zu erfüllen. Super-Dental liefert nachvollziehbare Erklärungen dafür, warum auf die Summe von 60 000 Euro kein Rabatt gewährt wird. Der Zahnarzt empfindet dies als fair und kann die Kalkulation nachvollziehen, daher ist er bereit, den Preis zu bezahlen.

»Weil wirkt Wunder.« Das nützt sogar im Gespräch mit der Polizei, zumindest vor Jahren. Eine junge Sekretärin fuhr mit ihrem Auto um zwei Uhr morgens von einer Party durch die Stadt nach Hause. Sie bemerkte hinter sich einen kleinen Lieferwagen, ähnlich einem VW-Bus, der ihr die ganze Zeit folgte und ziemlich dicht auffuhr. Je länger der Bus hinter ihr war, desto mehr Angst bekam sie und fuhr bei Rot über eine Ampel. Die Straßen waren menschenleer und sie dachte, so könnte sie den lästigen Fahrer hinter sich »abwimmeln«. Natürlich blinkte genau in diesem Moment das Blaulicht auf, der Bus überholte sie und sie wurde angehalten. Es war die Polizei.

Sie konnte glaubwürdig erklären, dass sie aus lauter Angst über die rote Ampel gefahren war. Die Beamten stellten ihre Personalien fest und ließen sie ohne Strafe weiterfahren.

→ *Beispiel*

In einem westlichen Bundesland in Österreich werden bei einem Umbau die Elektroarbeiten ausgeschrieben. Üblicherweise – und genau das ist das »Einheimischen-Phänomen« –

werden die Arbeiten in geschätzten 85 Prozent aller Ausschreibungen an ein Unternehmen, das in der Region ansässig ist, vergeben. Selbst dann, wenn die einheimischen Angebote teurer sind als jene der weiter entfernten Firmen.

Das wollte in unserem Beispiel die Firma ABC, die 80 km von der Baustelle entfernt ist, endlich einmal durchbrechen, um einen Fuß in die Region zu bekommen. Sie gibt also ein gut und fair kalkuliertes Angebot ab (in etwa vergleichbar mit den anderen vier Angeboten, die unterbreitet wurden). Gesamtvolumen ca. eine Viertel Million Euro. Vorab sollten Sie wissen, dass nur solche Anbieter zu Vergabegesprächen eingeladen wurden, deren Angebote schon zuvor einer genauen Prüfung unterzogen und für geeignet befunden wurden. Sehen Sie sich folgenden Dialog der Vergabeverhandlung mit Architekt und Bauherrin an:

ABC: *Vielen Dank, dass ich mein Angebot heute im Rahmen der Vergabegespräche präsentieren darf. Sie sehen, dass wir zu hundert Prozent den Anforderungen, die Ihr Architekt an uns gestellt hat, entsprechen. Es ist sehr fair und für mich knapp kalkuliert, denn ich möchte wirklich gerne in dieser Region einen Auftrag erhalten. Bis jetzt war es immer so, dass wir zwar häufig eingeladen wurden, ein Angebot abzugeben, jedoch immer die einheimischen Firmen den Zuschlag erhielten. Da ein Viertel meiner Arbeiter hier aus der Gegend kommt, bin ich auch aus diesem Grund stark daran interessiert, für Sie die Elektroarbeiten auszuführen. Daher biete ich Ihnen jetzt noch einmal fünf Prozent Preisreduktion an. Das gilt aber nur, wenn Sie jetzt – in diesen Minuten – unterzeichnen und uns den Auftrag erteilen.*

Bauherrin: *Das ist sehr großzügig von Ihnen. Ich würde gerne heute Abend entscheiden, sobald ich auch mit den anderen vier Anbietern gesprochen habe.*

ABC: *Sie verstehen sicherlich, dass ich diese fünf Prozent tatsächlich nur anbieten kann, wenn Sie sich jetzt entscheiden. Sonst werde ich lieber bei der ursprünglichen Summe bleiben und Ihre Entscheidung heute Abend abwarten.*

Bauherrin: *Bei dieser Preisreduktion kann ich nicht nein sagen. Ich bin ja auch meinen Gesellschaftern verpflichtet. Geben Sie her, ich unterschreibe UND ich unterschreibe gerne. Auf eine gute Zusammenarbeit.*

Der Verhandler der ABC Firma hat uns diesen Dialog in einem telefonischen Interview am 21. Januar 2013 geschildert. Er ist der Überzeugung, dass er den Auftrag aufgrund von zwei wesentlichen Punkten erhalten hat:

- Die Chemie stimmte vom ersten Augenblick an zwischen ihm und der Auftraggeberin.
- Er hat nachvollziehbar begründet, warum er weitere fünf Prozent Nachlass anbietet.

An der richtigen Stelle zu begründen, ist eine wichtige Technik, um Ihr Gegenüber zu überzeugen. Interessanterweise kommt es dabei vor allem darauf an, dass Sie überhaupt begründen, nicht womit. Diese Erkenntnis ist schon fast 40 Jahre alt und wurde in einem interessanten Experiment belegt (Langer u. a. 1978). Probanden hatten die Aufgabe, sich an einer Schlange vor einem Kopierer vorbeizudrängeln. Dabei gaben sie einmal keine Begründung an (»Entschuldigung, ich habe fünf Blatt Papier zu kopieren. Darf ich den Kopierer benutzen?«) und einmal begründeten sie ihren Wunsch (»Entschuldigung, ich habe fünf Blatt Papier. Darf ich den Kopierer benutzen, weil ich sehr in Eile bin?«). Im ersten Fall ließen 60 Prozent der Gefragten die Person vorbei, im zweiten Fall sogar 94 Prozent. Der Grund liegt im Wort »weil«. Denn wenn die Probanden eine Pseudobegründung angaben, funktionierte das Vorlassen dennoch: »Entschuldigung, ich habe fünf Blatt Papier. Darf ich den Kopierer benutzen, weil ich diese kopieren muss?« – auch hier ließen 93 Prozent der Gefragten die Person vorbei, obwohl die

Begründung gar keine ist. Denn wer will nicht an einem Kopierer kopieren?

Weil wirkt Wunder

Egal, was Sie tun, wie und wann Sie Ihre Argumente vorbringen, begründen Sie sie. Doch übertreiben Sie es mit dem Argumentieren nicht.

Hier eine Faustregel: Eine Hand hat auch nur fünf Finger. Wenn Sie mehr als fünf Argumente hintereinander aufzählen, ohne Ihrem Gesprächspartner Gelegenheit zu geben, zu jedem Argument Fragen zu stellen, wird das Ihren Gesprächspartner überfordern. Er kann sich schlicht nicht an alle erinnern. Setzen Sie Argumente deswegen dosiert, aber präzise ein. Erschlagen Sie Ihr Gegenüber nicht mit zu vielen Argumenten, sondern platzieren Sie lieber wenige Argumente umso durchdachter. Qualität geht vor Quantität.

Noch ein Tipp: Achten Sie unbedingt darauf, Argumente niemals persönlich werden zu lassen! Bleiben Sie immer auf einer sachlich begründbaren Ebene und vermeiden Sie Begründungen, die die persönliche Gefühlsebene berühren. Denn mit guten Argumenten können Sie nur bei Sachthemen punkten, je persönlicher es wird, umso kontraproduktiver werden sie.

Argumente niemals persönlich werden lassen.

In einer Studie aus dem Jahre 2016 präsentierte man Testteilnehmern beispielsweise Behauptungen, denen man auf den ersten Blick zustimmen würde (zum Beispiel: »Thomas Edison erfand die Glühbirne.«). Doch nachdem man nacheinander vier Gegenargumente präsentiert hatte (beispielsweise, dass der eigentliche Glühbirnenentwurf von einem Assistenten Edisons stammte), überdachten die Teilnehmer ihre Einschätzung nochmals. Sobald jedoch politische Behauptungen ebenfalls mit Gegenargumenten entkräftet werden sollten, blieben die Probanden bei ihrer Meinung. Ob die Todesstrafe eine gute Sache sei, ist schließlich auch schnell ein emotional-persönliches Thema – und wie sich zeigt, werden bei solchen Fragen Hirnregionen aktiviert, die auch für die Reflexion des eigenen Tuns und der eigenen Persönlichkeit wichtig sind (Kaplan u. a. 2016). Mit anderen Worten: Sobald Sie mit Ihrer Argumentation persönlich werden, werden Sie bei Ihrem Gegenüber auf Granit beißen und die Fronten verhärten. Sie können niemanden in seiner Persönlichkeit mit Argumenten verändern. Sobald Sie merken, dass Ihre Argumentation in eine solche Richtung läuft, brechen Sie sie ab und kehren Sie zurück auf neutrales Terrain, das Sie sachlich und faktenorientiert bearbeiten können.

Nachfolgend finden Sie Beispiele für logische und daher nachvollziehbare Argumentationsketten zu verschiedenen Themen. Sie können diese für Ihre eigenen Themen adaptieren. Dazu eignet sich die 5-Satz-Technik für wirkungsvolle Argumentation, die von Hellmut Geissner (2008) entwickelt wurde (Bild 2.2).

Die erweiterte 5-Satz-Technik bzw. der Argumentationsprozess ist ebenfalls für Ihre Verhandlungen und Gespräche hilfreich. Jutta Portner hat einen ähnlichen Prozess in ihrem Buch »Besser Verhandeln« (2010) beschrieben. Wir veranschaulichen die 5-Satz-Technik mit einem praktischen Beispiel aus unserem Verhandlungsalltag.

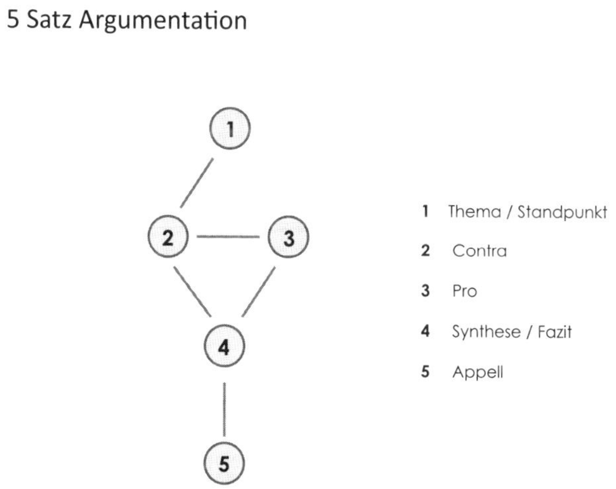

Bild 2.2 Beispiel Argumentationsketten (in Anlehnung an Geissner u. a. 2008, S. 119 ff.)

→ *Beispiel*
Der Geschäftsführer eines Unternehmens will die Gesellschafter des Unternehmens von Kostensparnotwendigkeiten überzeugen. Seine Argumentation folgt einer erweiterten 5-Satz-Technik, beginnt mit einem Einstieg, wechselt zwischen Pro und Contra und endet bei einem Appell.

Thema/Einstieg/Standpunkt
INHALT
Beschreibung des IST-Zustands
FRAGEN
Was genau soll geändert werden?
Was und warum fehlt uns etwas?
Was wollen wir verbessern?
ZIEL
Interesse für das Thema wecken

Uns liegt nun das Jahresergebnis 2015 vor. Wir haben im letzten Jahr noch eine schwarze Null erreicht. Unser Gewinn ist also im zweiten Jahr in Folge geschrumpft. Es ist fünf Minuten nach Zwölf. Wir müssen jetzt handeln, damit wir diesen Trend wieder umkehren. Deshalb ist es notwendig, Kosten – im Besonderen Mitarbeiterkosten – einzusparen.

Contra

INHALT

Gegenargumente vorwegnehmen, Konsequenzen aufzeigen

FRAGEN

Welche Gegenargumente wird es vermutlich geben?

ZIEL

Zu jedem Argument gibt es auch Gegenargumente. Deshalb ist es sinnvoll, diese in die eigene Argumentation zu integrieren. Damit zeigen Sie, dass Sie das Thema aus mehreren Perspektiven bedenken. Das verschafft Ihnen zusätzliche Glaubwürdigkeit, mit der Sie andere für Ihre Vorschläge gewinnen können.

Sie werden vermutlich gegen Entlassungen sein, weil Sie Ihre soziale Verantwortung als Unternehmer ernst nehmen. Das spricht auch sehr für Sie, jedoch dürfen Sie nicht mehr die Augen davor verschließen, dass Sie alle anderen Arbeitsplätze gefährden, wenn Sie sich jetzt nicht von Mitarbeitern aus dem Bereich Produktion trennen.

Pro

INHALT

Pro-Argumente anführen

Vorschläge skizzieren

FRAGEN

Wie genau sieht der Vorschlag aus?

ZIEL

- Gesprächspartner versteht die Idee
- Logisch widerspruchsfreie Argumentation

Jegliches Einsparpotenzial in anderen Abteilungen wurde bereits ausgeschöpft. Sehen Sie sich beispielsweise die Zahlen im Bereich Einkauf an. Insgesamt konnten wir in 2015 23 Prozent einsparen. Mehr geht wirklich nicht mehr, nur noch, wenn wir Rohstoffe mit deutlich schlechterer Qualität einkaufen würden. Und das wollen wir nicht, denn damit würden auch unsere Produkte qualitativ deutlich schlechter werden. Wir würden Kunden verlieren, das können wir uns nicht leisten.

Ich schlage deshalb vor, dass wir aus diesem Bereich vier Mitarbeiter entlassen, mit einer Abfindung. Wir können dies so … und so … realisieren.

Fazit/Synthese

INHALT

Zusammenfassung, Vorschlag untermauern

Nutzen aufzeigen

FRAGEN

Was haben wir davon?

ZIEL

Gesprächspartnern fällt die Zustimmung leicht.

Wenn wir also im folgenden Jahr wieder einen Gewinn erzielen wollen, dann müssen wir Einsparungen im Personalbereich vornehmen. Mit dem vorgestellten Vorschlag sparen wir in einem Jahr einen Betrag von 123 000 Euro ein. Teile der Arbeit werden umverteilt, ein Teil wird ausgelagert.

Gleichzeitig gilt es, das Geschäftsmodell auf den Prüfstand zu stellen und eine marktgerechte Strategie zu entwickeln. Das haben wir in den letzten Jahren versäumt. Das müssen wir ebenfalls sofort in Angriff nehmen.

Appell

INHALT

Logischen Bogen zum Anfang herstellen

FRAGEN
Wozu und wann sollen wir uns entscheiden?
ZIEL
- Den Sack zubinden
- Verhindern, dass die Diskussion versandet
- Klare Aussagen (Zustimmung/Ablehnung) der Gesprächspartner
- Fokussierung auf Zukunft und Lösung
- Entscheidung wird leichtgemacht

Weil dies jedoch ein längerfristiger Prozess ist und wir nicht sofort positive Effekte einer neuen Strategie spüren werden, ist es unverzichtbar, jetzt sofort damit zu beginnen, in jeder Abteilung eine Person einzusparen. Daher bitte ich Sie, mir als Geschäftsführer Ihrer Firma das Okay für diese Maßnahmen zu geben, damit wir im Jahr 2017 wieder positiv arbeiten werden, denn davon profitieren alle Beteiligten. Die Kunden, die Mitarbeiter und die Gesellschafter.

Ich appelliere an Ihre unternehmerische Verantwortung und schlage Ihnen zusätzlich zu den Personaleinsparungen vor, dass Sie persönlich ebenfalls im Jahr 2016 und auch im Jahr 2017 keine Entnahmen aus dem laufenden Geschäft tätigen werden. Mit diesem Schritt erzielen Sie bei den Mitarbeitern eine hohe Akzeptanz, weil Sie zeigen, dass Wort und Tat übereinstimmen.

Folgende Techniken wurden bei diesem Beispiel verwendet:
- strukturierte Argumentation,
- Betonung der Dringlichkeit,
- klare Benennung von positiven und negativen Punkten,
- Vorwegnahme Contra-Argument, verknüpft mit individueller Wertschätzung,
- Wenn-dann-Formulierungen,
- Mit-weil-Begründung,
- nicht nur sachliche, sondern auch emotionale Argumentation,
- damit … Zukunftsargumentation.

2.4 Substitutes – Plan B in der Rückhand haben

Das S in GRASP steht für SUBSTITUTES (Plan B).

Dies ist der Schritt, mit dem Sie Ihre Verhandlungsstärke besonders untermauern. Wenn Sie feststellen, dass Sie Ihre Ziele in einer Verhandlung gar nicht erreichen können und Sie keinen Plan B haben, dann sind Sie in einer ziemlich unangenehmen Situation. Es ist klug, sich zu überlegen, was Sie tun können, wenn sich das Gespräch nicht so entwickelt, wie Sie sich das wünschen. Wer sich schon vor einer Verhandlung im vierten Schritt der GRASP-Methode – denn das S steht für SUBSTITUTES – mögliche Alternativen überlegt hat, der hat mehrere Vorteile:

- Er ist geschützt davor, Zugeständnisse zu machen, nur um den Deal unter Dach und Fach zu bekommen.
- Er verliert viel weniger Zeit und muss sich – sollten Gespräche scheitern – nicht erst mühsam andere Möglichkeiten überlegen oder neue Vorgehensweisen entwickeln.
- Mit mehreren Möglichkeiten im Hinterkopf fällt es Ihnen viel leichter, NEIN zu Vorschlägen zu sagen, die Ihnen nur wenig entgegenkommen. Sie bewahren sich Ihre innere Unabhängigkeit, das Gespräch einfach zu beenden. Und genau diese innere Unabhängigkeit ist es, die Ihnen in Gesprächen Sicherheit und Souveränität gibt.

→ *Beispiel*

Eine Unternehmensberaterin unterbreitete einem mittelständischen Unternehmen ein Angebot für eine Beratungsleistung, das mit den Worten »Viel zu teuer« kommentiert wurde. Sie beendete das Gespräch mit folgenden Worten:

»Meine Herren, mein Angebot ist fair kalkuliert und ich habe

Ihnen den Wert der einzelnen Positionen im Detail beschrieben. Offenbar haben Sie nicht das Budget für eine professionelle Beratungsdienstleistung zu Ihrem Thema xy. Auch eine ›Version light‹ kommt für Sie nicht in Frage. Daher macht es keinen Sinn für uns, hier weiter zu verhandeln. Ich freue mich, wenn Sie mich zu einem späteren Zeitpunkt wieder kontaktieren. Vielen Dank.«

Das war ein klares, souveränes Statement, gekoppelt mit einem demonstrativen Selbstbewusstsein. Seht her, ich weiß, was meine Leistung wert ist.

Ja, wir trachten immer nach der besten Lösung und vergessen dabei, dass es noch die zweitbeste Lösung gibt.

Oftmals ist es diese Alternative, die uns erst zu wirklich guten Verhandlern werden lässt. Wer weiß, dass er im Fall einer gescheiterten Verhandlung weich fällt, weil er noch einen Plan B in der Tasche hat, scheitert eben nicht. Wer mit dem Rücken zur Wand steht, muss auf jeden Deal eingehen. Doch wer noch viele andere Optionen hat, verhandelt umso freier. Ein guter Weg, um in einer Verhandlung erfolgreich zu sein, ist es daher, seine Alternativen zu verbessern. Fragen Sie sich daher immer, wie eine zweitbeste Lösung in Ihren Gesprächen aussehen könnte, und suchen Sie vorher nach anderen Optionen.

2.5 Persuasion – Überzeugung

> Das P in GRASP steht für PERSUASION (Überzeugung). ■

Wie gelingt es, andere für sich zu gewinnen? Was ist der Grund dafür, dass manche Menschen so überzeugend sind und andere wiederum nicht? Kann man andere Menschen überhaupt überzeugen? Oder überzeugt sich jeder selbst?

Andreas Kemmerling schreibt in dem Buch »Überzeugungsstrategien« über die sogenannte Meinensstrategie, die er als ein Grundmuster rationaler Überzeugungsbeeinflussung in der sprachlichen Verständigung bezeichnet (Chaniotis 2008):

> »Wenn du erreichen möchtest, dass jemand zu der Überzeugung gelangt, dass dies-und-das der Fall ist, tu irgendetwas, mit dem du dich als einen präsentierst, der mit dem, was er tut, meint, dass dies-und-das der Fall ist!« (Andreas Kemmerling)

Nur wer authentisch seine Position darlegen kann, erzeugt beim Gegenüber eine dauerhafte Akzeptanz für ein Argument. Die Kunst, andere für etwas zu gewinnen, basiert daher auf folgenden Faktoren:

- Wenn Sie durch Glaubwürdigkeit und Integrität das Vertrauen des anderen gewinnen.
- Wenn Sie zwar konsequent, jedoch nicht aufdringlich und aufgesetzt (wie manche übereifrigen Vertriebsmitarbeiter) den Nutzen und die Vorteile, aber auch mögliche Nachteile für Ihren Gesprächspartner aufzeigen. Stichwort: Glaubwürdigkeit.
- Wenn Sie die wahren, echten Interessen des anderen kennen und verstehen. Stellen Sie dazu viele Fragen und hören Sie genau zu, welche Antworten Sie bekommen. Dann sind Sie in der Lage, individuell und so punktgenau wie möglich Ihre Lösungsvorschläge/-vorstellungen zu adressieren.

→ *Beispiel*

Ein Kunde kommt ins Reisebüro und möchte eine Reise in den Norden buchen. Erst wenn die Reisebüroangestellte weiß, worum es dem Kunden genau geht und was ihm an der Reise wichtig ist, kann sie passgenaue Angebote unterbreiten.

Bei einer Reisebuchung kann es neben den meist genannten

Motiven wie Erholung und neue Länder sehen wollen, viele weitere Motive (die oft nicht so genau formuliert werden) geben:

- Die Reise soll den Beschenkten beeindrucken.
- Reisender will seiner momentanen Situation entfliehen.
- Die Reise soll Trost für … sein.
- …

Soll eine Reise den Beschenkten beeindrucken, dann ist es vermutlich leicht, zusätzliche Luxusextras zu »verkaufen«.

- Wenn Sie – wann und wo immer Sie können – eine bestätigende, positive Sprache verwenden (Billings-Yun 2010).
- Wenn Sie so oft wie möglich JA sagen, wenn notwendig mit kleinen Einschränkungen.
- Wenn Sie sich auf den Kommunikationsstil Ihres Gesprächspartners einstellen.
- Sprechen Sie mit jemandem, dem Zahlen, Daten und Fakten wichtiger sind, als die persönliche Beziehung zu Ihnen? Dann passen Sie sich an und liefern Zahlen, Daten und Fakten anstelle von Small Talk beispielsweise zu Beginn des Gesprächs.
- Bildhafte Vergleiche machen die Sprache abwechslungsreich, dynamisch und haben eine hohe Überzeugungskraft. Wir haben für Sie einige Beispiele dazu, die wir in Verhandlungen gehört haben, zusammengestellt.
- Da sind so viele Eier im Korb, warum sollte ich ein faules nehmen? (Geschäftsmann, der sich unhöflich behandelt fühlte und es daher ablehnte, weiter zu verhandeln)
- Da sind wir mehr auf Ihrer Seite der Mitte als auf meiner.
- Betrachten Sie den Sachverhalt einmal durch die praktische und nicht durch die akademische Brille (Carsten Egenolf bei der Planung einer Softwarestrategie 2004).
- Manchmal muss man das Geld zum Fenster hinauswerfen,

damit es zur Tür wieder hereinkommt (Marina Bunte während einer Planungssitzung 2012).

- We agree to disagree.
- Wir regen an, eigene, zu Ihrem Sprechstil passende Sprachbilder in Ihren aktiven Wortschatz aufzunehmen, wenn Sie wissen, wovon Sie sprechen und mit Ihrer Erfahrung und Ihrem Expertenwissen punkten können.

→ *Beispiel*

Die Marketingabteilung einer mittelgroßen europäischen Stadt wollte mit einer großen Veranstaltung (1500 geladene Gäste aus Wirtschaft und Wissenschaft) die Stadt als interessanten Standort für eine wirksame und erfolgreiche Symbiose aus Wirtschaft und Wissenschaft vermarkten. Sie hatte dazu viele gute Ideen, zum Beispiel die, dass ein Redner die 1500 Gäste mit einem mitreißenden Vortrag begeistert. Wie war es nun möglich, den Verantwortlichen davon zu überzeugen, dass sich die zugegebenermaßen sehr hohe Investition für einen in Relation kurzen, fünfzehnminütigen Vortrag lohnen würde.

Ganz einfach: In zwei Telefongesprächen hat der Anbieter so genau und so konkret wie möglich erfragt, welchen Zweck der Vortrag erfüllen solle, die Wünsche und Vorstellungen des Gesprächspartners aufgenommen und daraus ein hochindividuelles, genau abgestimmtes Vortragsthema skizziert und den Preis dafür genannt. Die Marketingleute haben sich darin zu hundert Prozent wiedergefunden und in der weiteren Folge ist daraus eine sehr gute Zusammenarbeit entstanden.

Do's

- Erfahren Sie die Wünsche Ihres Gesprächspartners.
- Entwickeln Sie daraus ein Angebot, das hundertprozentig passt.

- Besprechen Sie gemeinsam, ob Ihr Vorschlag alles enthält, was für Ihren Gesprächspartner wichtig ist. So erfahren Sie, ob es noch offene Punkte gibt, die übersehen wurden.
- Nennen Sie Ihren Preis und erklären Sie genau, welche Leistungen dieser umfasst, sodass Ihr Gesprächspartner erkennen kann, dass Ihr Angebot fair und reell ist.

Ein weiterer Gedanke zum Thema Überzeugung: Überlegen Sie selbst, welche Aussage Sie mehr motivieren würde, Sport zu betreiben:

- Betreiben Sie regelmäßig Sport. Damit erhalten und verbessern Sie Ihre Gesundheit.
- Wenn Sie nicht regelmäßig Sport betreiben, riskieren Sie den Verlust Ihrer Gesundheit im Alter.

Die meisten von uns lassen sich durch Aussage B eher motivieren, die Joggingschuhe anzuziehen. Menschen ticken so, sie haben mehr Angst vor Verlusten als Lust auf Gewinne. Anders gesagt: Wir lassen uns mehr motivieren, wenn uns eine mögliche Bestrafung oder ein Verlust droht, als wenn uns eine Belohnung versprochen wird. Die Wissenschaft nennt dieses Verhalten Verlustaversion (Canessa u. a. 2016).

Vielleicht wäre es umgekehrt, wenn man so formulieren würde:

Wussten Sie eigentlich, dass nur ca. 60 Prozent der Menschen über 70 Jahre ihr Leben ohne körperliche Einschränkungen in vollen Zügen genießen können? Das sind in der Regel diejenigen, die ihr ganzes Leben lang sportlich und in Bewegung waren. Deshalb sollten Sie schon heute regelmäßig Sport betreiben. Damit erhalten und verbessern Sie Ihre Gesundheit. Und Sie wollen doch auch im Alter noch so fit wie möglich sein, oder?! Lieber spät anfangen als gar nicht! (Anmerkung: Bestimmt erkennen Sie die »unzulässige« Argumentation …)

Hinzugekommen ist hier auch noch ein sogenannter Topos (allgemeine Redewendung im letzten Satz). Das ist der altgriechische Fachbegriff für eine allgemein gültige Aussage oder auch für eine Lebensweisheit. Lebensweisheiten wirken auf die meisten Menschen plausibel. Gudrun Fey, die Grande Dame der Rethorik in Stuttgart, führt aus, dass schon Sophisten in der Antike dies erkannt und Topoisammlungen angelegt haben, damit sie für jedes Thema einen passenden Topos einsetzen konnten (2012).

→ *Beispiel*

Als praktisches Beispiel führen wir auszugsweise einen Verhandlungsdialog zwischen einem KFZ-Schadensregulierer einer großen Versicherung und einem gegnerischen Anwalt an. Es geht um einen durch einen Autofahrer verursachten Personenschaden. Es ist vollkommen unklar – und die Schwierigkeit ist, ob die Verletzungen einen bleibenden Schaden verursacht haben oder nicht. Das kann vielleicht sein, es gibt aber zum derzeitigen Zeitpunkt kein Gutachten, dass das so ist.

Anwalt: *Wir fordern insgesamt 350 000 Euro für den entstandenen Schaden. Diese Summe setzt sich zusammen aus dem Schaden am Auto, Behandlungskosten und der wahrscheinlich bleibenden körperlichen Beeinträchtigungen durch die Verletzungen an der Halswirbelsäule.*

S-Regulierer: *Wir überweisen die Summe für die Autoreparatur sowie die aktuell entstandenen Behandlungskosten. Selbstverständlich. Ob zu einem späteren Zeitpunkt erwiesen sein wird, dass es zu bleibenden körperlichen Beeinträchtigungen kommen wird, ist vollkommen unsicher. Wir bieten Ihrem Mandanten deshalb heute eine Summe von 85 000 Euro an. Damit sind dann auch alle Ansprüche erfüllt. Oder wir einigen uns darauf, dass Be-*

handlungskosten und Autoreparatur bezahlt werden. Alles Weitere verhandeln wir dann in den nächsten Jahren. Das ist für Sie jetzt eine Entscheidung zwischen dem Spatz in der Hand oder der Taube auf dem Dach.

Um den fünften Schritt P in GRASP noch weiter zu verdeutlichen, beschreiben wir nachfolgend mit einem Beispiel einen Auszug aus einem ÜBERZEUGUNGS-DIALOG zwischen Account Manager (AM) und IT Manager und zeigen damit den Überzeugungsprozess anhand einiger GRASP-Schritte:

→ *Beispiel*

Ein Werbeartikelhersteller mit 17 Standorten und insgesamt 2000 Mitarbeitern in Deutschland, produziert unter anderem Displays für große Marken im Lebensmitteleinzelhandel. Pro Projekt erhält er von seinem Kunden eine große Menge an Bildrohdaten und hat ca. 20 Terabyte Daten zu sichern. Dazu hat er an einem Standort fünf Server und drei laufende Datenbanken. Die Datensicherung dauert bei dieser großen Menge zehn Stunden.

In der Firma wird von 07:00 bis 22:00 Uhr produziert und so reicht die Datensicherungszeit während der Nacht nicht aus bis zum nächsten Produktionsstart am nächsten Morgen. Deshalb sollen die Datenbankserver ausgetauscht werden.

AM: *Sie sagen also, dass unser Angebot von 29000 Euro zu teuer ist, richtig?*

[A, Schritt 3 der GRASP-Methode: keine Rechtfertigung des Preises, stattdessen Fragen stellen, um besser zu verstehen, was dem Gegenüber wichtig ist]

Sind denn abgesehen vom Preis die Lösungsvarianten, die wir aufgezeigt haben, so wie Sie sich das vorgestellt haben?

[Differenzen eingrenzen, betonen, worüber Einigkeit besteht]

ITM: *Ja, das schon. Aber solche Datenbankserver können wir auch schon für 40 Prozent weniger kaufen. Ich habe klare Budgetvorgaben, die ich einhalten muss.*

AM: *Aha, ich verstehe. Natürlich ist es wichtig, auf den Preis zu achten und eine bestmögliche Lösung zu einem akzeptablen Preis einzukaufen. Das ist klug und nachvollziehbar.*

[Verständnis für die Situation, Wertschätzung für den Einwand]

Dann lassen Sie uns doch noch einmal einen Schritt zurückgehen und genau besprechen, welche Punkte für Sie mit diesem Projekt »Datenbankserver-Tausch« am wichtigsten sind. Dann können wir noch einmal genau prüfen, wo unser Angebot eventuell angepasst werden könnte. Einverstanden?

[G, Schritt 1 der GRASP-Methode: Wenn momentan keine Einigung gefunden werden kann, dann ist es hilfreich, zurück zu den Zielen zu gehen, weiter die sprichwörtliche Türe offen zu halten, genau zu verstehen, was dem anderen wichtig ist, statt Gegenargumente zu liefern, wie z. B. »Ja, aber …«]

ITM: *OK.*

AM: *Sie haben in unseren Gesprächen bisher immer ausgeführt, dass das wichtigste Kriterium für Sie der Zeitfaktor ist, so dass die Sicherung der Daten in wesentlich kürzerer Zeit möglich sein muss. Richtig?*

[G, Schritt 1 der GRASP-Methode: Priorisierung der Ziele]

ITM: *Ja, es muss sichergestellt sein, dass ab 07:00 Uhr die Produktion starten kann.*

AM: *Ja, bei den Mengen Displays, die hier hergestellt werden, ist das ein ganz wesentlicher Punkt. Dazu benötigen Sie Hochleistungsserver, auf die Sie sich verlassen können.*

[R, Schritt 2 der GRASP-Methode]

ITM: *Stimmt.*

AM: *Nachdem Sie mir in den Vorgesprächen und auch während der Besichtigung Ihrer Firma genau erklärt haben, worum es Ihnen bei diesem Projekt geht, haben wir sehr lange darüber nachge-*

dacht, welche Server wir Ihnen am besten anbieten, damit Sie als IT Manager so schnell wie möglich eine stabile, fehlerfreie und schnelle tägliche Datensicherung garantieren können.

[R, Schritt 2 der GRASP-Methode]

Dabei gibt es mehrere Möglichkeiten:

[weg vom Preis, hin zum Wert]

Lösung B – das sind vier zusätzliche Server von XYZ. Das ist die preisgünstige Variante, mit der Sie kurzfristig Ihr Problem lösen können. Natürlich können wir diese Variante realisieren, wenn Sie das wünschen. Befürworten kann ich diese jedoch nicht. Bedenken Sie bitte auch, dass Sie hier nicht die zusätzliche Gewährleistung einer 24-Stunden-Stand-by-Wartung haben. Auch die Server sind qualitativ nicht ganz so hochwertig wie die von der Firma ABC.

[R, Schritt 2 der GRASP-Methode: preisgünstige Variante möglich, Verantwortung über Entscheidung zum Kunden, »schlechtere« Variante zuerst nennen]

Wir haben überlegt, dass Ihrer Firma – auf lange Sicht – wesentlich mehr gedient ist, Lösung A zu realisieren, denn da haben Sie zusätzlich noch die großen Vorteile, dass Sie in höchstmögliche technische Qualität investieren und alle möglichen Risiken eines Datenverlusts nahezu ausgeschlossen sind. Damit investieren Sie nicht nur in neue Server, sondern Sie machen Ihr Unternehmen zukunftsfähiger.

[R + A, Schritt 2 + 3 der GRASP-Methode: Optionen entwickeln, die für beide Seiten nützlich sind, nachvollziehbare Argumente für Plan A]

ITM: *Trotzdem ist die Lösung A mehr als 25 Prozent teuer als Lösung B.*

AM: *Was Sie sagen, ist richtig. Nehmen wir einmal an, Ihre Produktion steht nur eine einzige Stunde still, weil Daten nicht oder fehlerhaft vorhanden sind. Was kostet das Ihr Unternehmen? Sicherlich mehrere 100 000 Euro. Im Vergleich dazu ist die Inves-*

tition in absolute Sicherheit mit der Garantie der 24-Stunden-Stand-by Wartung, mit der auch das große Problem der Zeitdauer gelöst ist, ziemlich gering.

[A, Schritt 3 der GRASP-Methode: Folgen beider Varianten aufzeigen]

ITM: *Ja, da gebe ich Ihnen Recht.*

AM: *Sie als IT Manager wissen besser als jeder andere, dass die Daten eines der wertvollsten Güter eines Unternehmens sind.*

[Allgemein akzeptierte, gültige Aussagen haben eine hohe Überzeugungskraft. Solche Aussagen werden Topoi (singular Topos) genannt. Das hat schon Aristoteles wie folgt formuliert. »... diese sind nämlich allgemeine Gesichtspunkte in Bezug auf Recht, Natur, Politik und vieles andere verschiedener Art.« (Aristoteles)]

ITM: *Da bin ich ganz bei Ihnen. Ich will mir gar nicht ausmalen, wie der Teufel los wäre, wenn ...*

AM: *Ja, genau. Deshalb erfordert besonders diese Entscheidung Weitblick und ein langfristiges Denken – zur Sicherstellung der Produktion, aber darüber hinaus auch zur Sicherstellung der Qualität und der Zufriedenheit Ihrer Kunden. Nicht zuletzt geht es ja auch um Ihr eigenes Empfinden: Zu wissen, dass Sie für die bestmögliche Lösung votieren, entspricht doch Ihrem Anspruch, nur das zu vertreten, das für Sie persönlich auch am sinnvollsten ist.*

[P, Schritt 5 der GRASP-Methode: Es gibt fast immer auch einen persönlichen Grund, aufgrund dessen Menschen sich für oder gegen etwas entscheiden.]

ITM: *Intern werde ich sicherlich von den Einkäufern ziemlich harten Gegenwind bekommen.*

AM: *Ja, das ist möglich.*

[Einwände erst einmal hinnehmen, ohne sofort dagegen zu argumentieren]

ITM: *Deshalb kommen Sie mir jetzt beim Preis entgegen, damit ich intern die teurere Lösung besser begründen kann.*

AM: *Herr Meier, was denken Sie denn, wie der »Einkäufer-Gegenwind« aussehen wird?*

[Fragen stellen anstelle von gleich antworten]

ITM: *Nun, sie werden klar sagen, dass der Preis zu hoch ist.*

AM: *Nun, wir haben ja während der letzten zwei Stunden die Vor- und Nachteile der beiden Varianten genauestens beleuchtet. Das wird auch der Einkauf verstehen, wenn man es ihm – vielleicht mit etwas Geduld – erklärt. Was aber ganz sicher zusätzlich ein nachvollziehbares Argument sein wird, ist, dass Sie mit der im ersten Augenblick teureren Lösung Datenserver kaufen, die wesentlich besser mit den vorhandenen Systemen abgestimmt sind. Software-Updates etc. werden dadurch sehr viel einfacher und kostengünstiger.*

[P, Schritt 5 der GRASP Methode: Humor, Emotion, am Ende noch einen wichtigen Nutzen betonen, die Erfolgsgeschichte des Verhandlungspartners mitdenken.]

Der Standard-Spruch »Zu teuer!« wird oft als Ablehnung verstanden, das ist er in den wenigsten Fällen. Es gilt herauszufinden, in welchem Kontext das »Zu teuer!« genannt wird: Zu teuer im Vergleich/in Bezug auf was?

Bei »zu teuer«: Kontext klären

- Ist denn – abgesehen vom Preis – unser Angebot so, wie Sie sich das vorgestellt haben?
- Sind abgesehen vom Preis auch die übrigen Rahmenbedingungen (Lieferumfang, Zahlungsmodalitäten etc.) aus Ihrer Sicht geklärt?
- Angenommen, wir können uns über den Wert Ihrer Investition in Datensicherheit und Sicherstellung der Produktion heute einigen, können wir dann heute mit dem Auftrag rechnen?

■

2.6 Quintessenz aus diesem Kapitel

- *Goals → Ziele*

Sie kennen und verstehen die Ziele aller Beteiligten, auch über die aktuelle Verhandlung hinaus. Im komplexen Wirtschaftsumfeld ist ein Denken über den Verhandlungs-Tellerrand Grundvoraussetzung für langfristigen Erfolg.

- *Routes → Handlungsmöglichkeiten*

Sie entwickeln konsequent Optionen, die allen Parteien maximalen Nutzen bringen. Sie beantworten die Frage: Wie erreiche ich meine Ziele und stelle gleichzeitig die andere Partei zufrieden?

- *Arguments → Argumente*

Sie fördern Vertrauen und Fairness mit validen Argumenten – »weil wirkt Wunder!«

- *Substitutes → Plan B*

Sie denken zu Ihrem Schutz über mögliche Alternativen nach. Sollte die beste Lösung nicht erreichbar sein, gibt es immerhin die zweitbeste. Ein Verhandlungsfallschirm gibt Ihnen Sicherheit.

- *Persuasion → Überzeugung*

Man kann niemanden gegen seinen Willen überzeugen. Man kann überhaupt niemanden überzeugen. Jeder überzeugt sich selbst. Man kann nur einen anderen zu einer Überzeugung hinführen (Fey, G., im Vortrag, Stuttgart, Sept. 2013). Das gelingt Ihnen unter anderem durch einen auf Ihren Gesprächspartner abgestimmten Kommunikationsstil, durch Integrität, Glaubwürdigkeit, Expertenwissen/-status, konsequent positive Sprache. Sie eignen sich fundiertes Wissen über die Verhandlungstypologien an, sodass Sie Ihre Gesprächspartner bestmöglich einschätzen können, um daraus den größtmöglichen Nutzen zu ziehen.

2.7 Fragen der Selbstreflexion

Welche Inhalte aus diesem Kapitel sind für mich persönlich besonders hilfreich? Erscheint mir die vorgeschlagene Vorgehensweise nachvollziehbar?

Welche konkreten Umsetzungsschritte werde ich zeitnah planen und tun? Was bedeuten diese fünf Aspekte (GRASP) konkret für mich? Tue ich mich bei manchen Punkten schwerer? Wenn ja, wie kann ich damit umgehen?

Welche eigenen Erfahrungen habe ich bereits gemacht, die etwas vom Inhalt dieses Kapitels widerspiegeln?

2.8 Literatur

Aristoteles Rhet. 1358a, Sekundärquelle: www.gudrun-fey.de, letzter Zugriff 06.01.2017

Billings-Yun, M.: Beyond Dealmaking – five steps to negotiating profitable relationships, San Francisco, Jossey Bass (imprint WILEY Verlag), 2010, S. 257–262

Billings-Yun, M.: Beyond Dealmaking – five steps to negotiating profitable relationships, San Francisco, Jossey Bass (imprint WILEY Verlag), 2010, S. 232

Canessa N., Crespi C., Baud-Bovy G., Dodich A., Falini A., Antonellis G., Cappa S. F.: Neural markers of loss aversion in resting-state brain activity, Neuroimage, 2016, 146:257–265

Chaniotis, Kropp, Steinhoff: Überzeugungsstrategien, Heidelberg, Springer Verlag, 2008, S. 11 ff.

Fey, Gudrun: Überzeugen ohne Sachargumente. Wie Sie andere für Ihre Meinung gewinnen, Walhalla Verlag, Regensburg, 2012

Geissner/Leuck/Schwandt/Slembek: Gesprächsführung – Führungsgespräche, Röhrig-Universitätsverlag, St. Ingbert, 2008, S. 119 ff.

Kaplan J. T., Gimbel S. I., Harris S.: Neuralcorrelates of maintaining one's political beliefs in the face of counterevidence, Sci Rep, 2016, 6:39589

Langer E. J., Blank A., Chanowitz B.: The mindlessness of ostensibly thoughtful action: The role of »placebic« information in interpersonal interaction, Journal of Personality and Social Psychology, 1978, 36(6): S. 635–642

Lucius Annaeus Seneca (4 v. Chr. bis 65 n. Chr.), röm. Philosoph und Dichter

Portner, J.: Besser Verhandeln, Offenbach, GABAL Verlag GmbH, 2010, S. 299 ff.

Kapitel 3: Die Kraft der guten Laune

Nach dem vorherigen Kapitel wissen Sie nun, welche Schritte Sie tun müssen, um in einer Verhandlung erfolgreich zu sein. Zunächst stecken Sie Ihr Verhandlungsziel ab: Was wollen Sie maximal erreichen, wo liegt Ihre Schmerzgrenze? Anschließend überlegen Sie sich eine Strategie, wie Sie dieses Ziel erreichen können. Wie holen Sie Ihren Verhandlungspartner mit ins Boot? Welche Optionen stehen sowohl für Sie als auch für Ihr Gegenüber zur Verfügung, worauf kann man sich einigen?

Wenn Ihr Verhandlungsplan steht, beginnt allerdings der schwierige Teil: Sie gehen in die Verhandlung und wollen Ihr Gegenüber überzeugen (erinnern Sie sich an das vorige Kapitel: das P in GRASP, die PERSUASION). Das kann problematisch werden, denn wie oft kommt es vor, dass all Ihre schönen Pläne und Strukturen von Ihrem Gesprächspartner zerstört werden! Sie müssen improvisieren, sich neu auf Ihren Verhandlungspartner einstellen und ihn irgendwie für sich gewinnen. Aber wie? Wie geht man auf sein Gegenüber am besten ein?

Wenn man Menschen gegenübertritt, muss man immer eines bedenken: Was jemand sagt, spielt zu Beginn kaum eine Rolle. Schon nach wenigen Sekunden entscheiden wir, ob unser Gegenüber sympathisch ist oder nicht. Sie können sich das bestausgeklügelte Konzept für Ihre Verhandlung überlegen – und doch wird es am Anfang darauf ankommen, wie Sie auftreten, nicht womit. Nun kann man sich fragen: Gibt es so etwas wie die »Königs-Emotion«, mit der wir unserem Verhandlungspartner gegenübertreten sollten? Wie sehr spielen eigene Gefühle überhaupt eine Rolle bei Verhandlungen? Kommt es nicht gerade bei sachlich und analytisch geprägten Verhandlungen mehr auf die Qualität der Argumente an und weniger auf irgendein diffuses inneres Gefühl? Und was überwiegt: die Kraft der Argumente oder die Art, wie man seinem Verhandlungspartner gegenübertritt? Kann man auch mit schwachen Argumenten und einem »guten Auftreten« sein Gegenüber überzeugen?

3.1 Ein praktischer Feldversuch

Um dies zu untersuchen, haben wir in unserer Verhandlungsarbeit einen praktischen Feldversuch durchgeführt. Dabei wollten wir untersuchen, ob es einen Unterschied macht, ob ein Verhandelnder positiv gestimmt oder mit einer neutralen Stimmung in die Verhandlung geht. Mit diesem Experiment zielten wir somit auf die Punkte ROUTES, ARGUMENTE und PERSUASION innerhalb der GRASP-Methode. Dabei ging es uns darum zu ermitteln, wie stark der Einfluss von positiven Emotionen in einem Verhandlungsumfeld überhaupt ist und welche Rolle im Vergleich dazu der Einfallsreichtum bei Lösungsfindung und Argumentation spielt.

Man könnte erwarten, dass sich eine positive Grundstimmung (z. B. Humor, Freundlichkeit und Selbstsicherheit) auch positiv auf das Verhandlungsergebnis auswirkt. Doch Vorsicht! Zu viel gute Laune kann auch schnell aufgesetzt und überheblich wirken! Es sollte also auch eine »Obergrenze der guten Laune« geben, ein Punkt, an dem eine Verhandlung kippen kann, weil sie unsachlich oder gar lächerlich wird. Wie überall gilt: Die Dosis macht das Gift – und auch in einer Verhandlung sollte man ein vernünftiges Gleichgewicht aus Emotion und Sachlichkeit finden.

3.2 Wie gingen wir vor?

Um ein Experiment zu beginnen, braucht man eine These, die man untersuchen will. Unsere These lautete:

> Menschen, die das binäre Denken (schwarz/weiß, entweder/oder) in ihrer Verhandlung überwinden, verhandeln erfolgreicher. Dies können sie erreichen, indem sie ihre Verhandlungsstrategie ungezwungen entwickeln und die Argumente humorvoll vortragen. Das Ziel unserer Messungen war die Abhängigkeit des Verhandlungserfolgs von der persönlichen Gefühlslage.

Wir untersuchten das menschliche Verhalten in Verhandlungssituationen und rekrutierten dafür Freiwillige, die sich bereiterklärten, an diesem Versuch teilzunehmen. Um das Ergebnis nicht zu verfälschen, wussten die Probanden nicht, worum es in diesem Versuch geht. Sie glaubten, dass wir lediglich die Güte der Verhandlung messen wollten. Wir führten dieses Experiment zum einen mit Studenten durch, die an einem MBA-Seminar der M/O/T (School of Management, Organizational Development and Technology) der Alpen-Adria-Universität Klagenfurt in Kooperation mit dem Wirtschaftsförderungsinstitut Tirol teilnahmen, zum anderen arbeiteten wir mit Studenten des Fachbereichs Wirtschaftswissenschaften an der Universität Saarbrücken.

Wir bildeten mit den Teilnehmern zwei Gruppen aus jeweils acht Teilnehmern. Während sich die eine Gruppe zehn Minuten langweilte und einen sachlichen und ziemlich einschläfernden Film betrachtete, wurde der anderen Gruppe ein witziger

Vortrag präsentiert. Weder der Film noch der Vortrag hatten irgendetwas mit der folgenden Fallstudie zu tun, aber die Auswirkungen auf die Teilnehmer waren offensichtlich: Im Gegensatz zu ihren neutralen Kollegen starteten die positiv gestimmten Teilnehmer sehr erheitert und mit guter Laune in die fiktive Verhandlungssituation.

Beide Gruppen wurden wieder zusammengebracht und sollten sich in einer Fallstudie in die Situation eines Obstbauern versetzen, der bei seinem Großhändler einen höheren Preis für sein Obst durchsetzen möchte. Die Teilnehmer sollten sich zunächst mit dieser Fallstudie vertraut machen (dazu hatten sie unterschiedlich viel Zeit) und sich überlegen, wie sie mit ihrem Großhändler verhandeln würden. Welche Argumente, welche Strategien führen wohl zum besten Verhandlungserfolg?

Die Verhandlungsmöglichkeiten in der Fallstudie waren bewusst offen gehalten. So gibt es viele gute Möglichkeiten, für einen hohen Obstpreis zu argumentieren (beste Qualität, langfristige Erfahrung, schnelle Lieferung etc.). Die Teilnehmer mussten rasch überlegen, welche Argumente sie dem fiktiven Großhändler vorlegen könnten, und diese stichpunktartig aufschreiben. Dabei war die Zeit für die Fallstudie und die Lösungssuche äußerst knapp bemessen. Bereits nach drei Minuten wurde der erste Teilnehmer aufgerufen, um in einem Nebenraum eine unbeteiligte Person, die die Rolle des Großhändlers einnahm, von einem höheren Preis zu überzeugen. Dieses »Überzeugen« sollte in Form eines 1-minütigen Kurzvortrags geschehen – einem »Eröffnungsplädoyer« gewissermaßen. Alle drei Minuten wurde der nächste Teilnehmer aufgerufen, um sein Obst möglichst teuer zu verkaufen. Der letzte Teilnehmer einer Gruppe hatte also 24 Minuten Zeit zum Überlegen.

Wie misst man nun, wie »erfolgreich« eine Verhandlung war? Das war die Aufgabe des fiktiven Obstgroßhändlers, der sofort im Anschluss an den Vortrag der Teilnehmer diesen bewertete. Dabei wollten wir messen, wie sich die Teilnehmer der Fallstudie in Abhängigkeit von ihrem emotionalen Zustand verhielten. Der Großhändler hatte sich passiv zu verhalten, damit er das Auftreten der Teilnehmer nicht beeinflusste. Außerdem wusste der Großhändler nicht, aus welcher Gruppe (gut gelaunt oder neutral) die Teilnehmer kamen, und wir verteilten die Teilnehmer so, dass beim Großhändler immer abwechselnd ein gut gelaunter bzw. ein neutraler Teilnehmer vorsprach.

Um die Teilnehmer zu bewerten, sollte sich der Obstgroßhändler bei seiner Bewertung auf folgende fünf Punkte konzentrieren:

- Wie sinnvoll waren die Argumente? Waren sie sachlich und auf die Aufgabe bezogen? Waren sie zielführend?
- Wie fair waren die angebotenen Argumente? Gingen sie auf die Bedürfnisse des Verhandlungspartners (also des Großhändlers) ein?
- Wie freundlich sind die Teilnehmer aufgetreten? Versuchten sie, die Stimmung aufzulockern (z. B. durch Blickkontakt, eine entgegenkommende Begrüßung o. Ä.)?
- Wie ausgefeilt war ihre Rhetorik, ihre (Körper-)Sprache, ihre Gestik und Mimik?
- Wie überzeugend waren sie generell?

Diese fünf Kriterien wurden auf einer Skala von 1 (schlecht) bis 10 (sehr gut) bewertet. Dadurch war es uns möglich, den subjektiven Eindruck, den die Teilnehmer in ihrer Verhandlungssituation beim Obstgroßhändler hinterließen, greifbar zu machen. Zusätzlich baten wir den Beobachter, »Besonderheiten« im Auftreten zu notieren, z. B. wenn die Argumentation besonders ausgefallen oder kreativ war.

Ein Experiment macht man, um etwas zu messen, und in

unserem Fall konzentrierten wir uns in der Auswertung auf die Punkte Überzeugungskraft, Zeitdruck und Argumente:

- *Verhandlungserfolg.* Wie erfolgreich waren die Teilnehmer bei ihrem Auftritt vor dem fiktiven Obstgroßhändler? Wo lagen ihre individuellen Stärken? Entwickelten Sie eher schlagkräftige Argumente oder überzeugten Sie durch Ihr Auftreten?
- *Zeit.* Wie wirkte sich der Zeitdruck für die Teilnehmer auf deren Verhandlungsstrategie aus? Wie lange dauerte es, bis die besten Argumente ausgearbeitet waren?
- *Argumente.* Unterschieden sich die positiv gestimmten und die neutralen Teilnehmer in ihren Argumenten? Fanden sie unterschiedlich viele oder besonders ausgefallene Ideen, ihr Gegenüber zu überzeugen?

Durch diesen experimentellen Aufbau konnten wir den Zusammenhang zwischen emotionaler Einstellung (humorvoll gegen sachlich neutral) und dem Verhandlungserfolg bestimmen. Waren nun die gut Gelaunten besser oder überwog die argumentative Kraft der Sachlichkeit?

3.3 Was kam heraus?

> Humorvolle Menschen mit einer positiven Grundstimmung traten in unserem Experiment überzeugender auf.

Wer denkt, das liege daran, dass sie die besseren Argumente haben, wird überrascht sein, genau das ist nämlich nicht der Fall. Sie überzeugen auf anderem Wege. Dies wurde deutlich, wenn man sich auf die Auswertekriterien »Verhandlungserfolg«, »Zeit« und »Argumente« konzentrierte.

Alle Teilnehmer der Fallstudie wurden von ihrem fiktiven

Verhandlungspartner direkt nach ihrem Kurzvortrag auf einer Skala von 1 bis 10 bewertet. Wenn man dabei die erreichte Durchschnittspunktezahl betrachtet, sieht man bereits, dass die gutgelaunten Teilnehmer (im Folgenden etwas verkürzt als »heiter« beschrieben) etwas besser abschnitten als die Teilnehmer der neutralen Kontrollgruppe. Während die neutralen Teilnehmer eine Durchschnittspunktezahl von 7,9 für ihren Vortrag erhielten, wurden die »heiteren« Teilnehmer im Schnitt mit 8,7 Punkten bewertet.

Dies ist kein besonders beeindruckender Unterschied, doch interessant wird es, wenn man sieht, wo die positiv gestimmten Teilnehmer ihren Vorsprung herausgeholt haben. Es war nämlich keineswegs so, dass sie in allen Punkten den neutralen Kollegen nur leicht überlegen gewesen wären, sondern im Gegenteil: Ihr Erfolg gründete auf zwei ganz besonderen Aspekten des Verhandelns.

Um das etwas besser zu veranschaulichen, sind in Bild 3.1 die Durchschnittspunktezahlen der fünf bewerteten Kriterien des Eröffnungsplädoyers separat dargestellt. Man erhält somit einen »Verhandlungsfingerabdruck« der Teilnehmer, wodurch

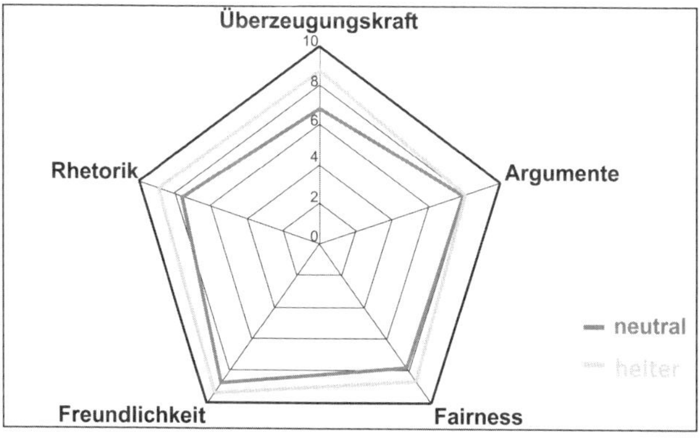

Bild 3.1 Der Verhandlungserfolg der Teilnehmer aufgeschlüsselt nach den fünf Bewertungskriterien

man erkennen kann, wo die beiden Gruppen ihre jeweiligen Stärken hatten.

Man sieht: Hinsichtlich der Kriterien »Argumente«, »Fairness« und »Freundlichkeit im Auftreten« unterschieden sich die Teilnehmer kaum. Doch wenn es darum ging, die Überzeugungskraft zu beurteilen, schnitten die gut gelaunten Verhandler mit durchschnittlich 8,7 Punkten besser ab als die neutralen Kollegen (6,9 Punkte). Dies lässt sich zumindest zum Teil darauf zurückführen, dass ihre Rhetorik besser bewertet wurde als die der neutralen Teilnehmer (8,8 Punkte gegenüber 7,7 Punkten).

Hier sehen wir schon die erste entscheidende Erkenntnis dieses Experiments: Humor und gute Laune scheinen vor allem dazu zu führen, dass man selbstsicherer und rhetorisch gefestigter verhandelt. Man findet vielleicht nicht unbedingt die besseren Argumente, aber dafür vertritt man diese umso überzeugender.

Die bisherigen Daten fassen alle Teilnehmer dieser Untersuchung zusammen, egal ob sie drei oder 24 Minuten Zeit hatten, um sich auf ihr Eröffnungsplädoyer vorzubereiten. Interessant war es nun, wenn man betrachtet, wie die einzelnen Teilnehmer in Abhängigkeit von eben dieser Vorbereitungszeit abschnitten. Man könnte erwarten, dass eine gewisse Mindestbearbeitungszeit notwendig ist, um auch gute Argumente zu finden und sich vorzubereiten. Wer die Fallstudie zum ersten Mal liest, wird wohl kaum nach drei oder fünf Minuten eine bis ins kleinste Detail durchgeplante Verhandlungsstrategie entwerfen. »Strategische Vorbereitungszeit« brauchen wohl die meisten. Doch zu unserer Überraschung mussten wir feststellen, dass die Teilnehmer der heiteren Gruppe schon nach wenigen Minuten Bestnoten für ihr Verhandeln erzielten.

Bild 3.2 zeigt, wie sich die Vorbereitungszeit der Teilnehmer auf ihre Überzeugungskraft im anschließenden Vortrag vor dem Obstgroßhändler auswirkte.

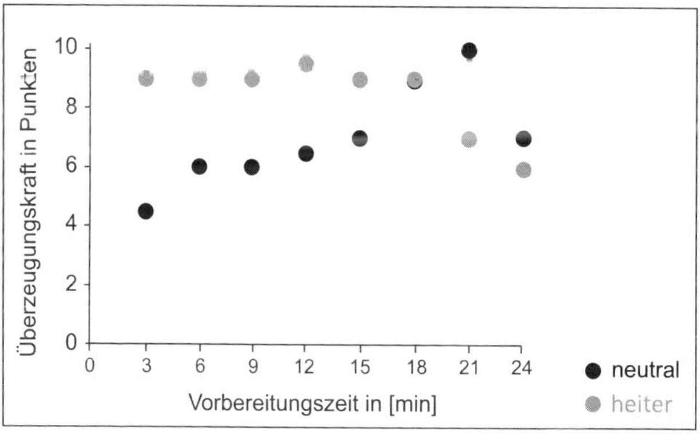

Bild 3.2 Die Überzeugungskraft der Teilnehmer ändert sich, je nachdem, wie viel Vorbereitungszeit sie für ihr Eröffnungsplädoyer hatten.

Man sieht, wie die neutralen Teilnehmer (schwarze Punkte) eine gewisse »Einarbeitungszeit« benötigten, um anschließend überzeugend aufzutreten. Wenn sie nur drei Minuten Vorbereitungszeit für ihren Vortrag hatten, so wurde deren Überzeugungskraft lediglich mit durchschnittlich 4,5 Punkten bewertet. Anders hingegen die heiteren Personen (graue Punkte): Auch wenn sie nur wenig Zeit hatten, konnten sie sogleich mit durchschnittlich 9 Punkten in ihrem Kurzvortrag den Obstgroßhändler überzeugen.

Interessant ist auch die Auswertung der Vorbereitungszeit von mehr als 15 Minuten: Hier scheint die Verhandlungsleistung zu kippen, denn während die neutralen Personen im anschließenden Vortrag deutlich an Überzeugungskraft gewannen, fiel die Leistung der heiteren Personen von 9 Punkten (15 Minuten) auf einen Tiefstwert von 6 Punkten (nach 24 Minuten). Offenbar ist es so, dass man unter normalen Umständen etwa eine Viertelstunde braucht, um sich mit unserer Fallstudie vertraut zu machen. Deswegen schneidet man auch schlechter ab, wenn man schon nach drei oder sechs Minuten sein Eröffnungsplädoyer halten soll. Eine humorvolle Laune kann diesen Prozess jedoch beschleunigen und auch wenn man schon nach wenigen Minuten seinen Vortrag halten soll, kann man sein Gegenüber überzeugen. Allerdings scheint dieser »Effekt der guten Laune« nur vorübergehend zu sein. Nach 18 Minuten Vorbereitungszeit sinkt die Überzeugungskraft auch der vormals heiteren Teilnehmer merklich ab.

Was könnte der Grund dafür sein? Es gibt in dieser konkreten Verhandlungssituation zwei Möglichkeiten, sein Gegenüber zu überzeugen: durch sinnvolle Argumente oder durch ein gewinnendes Auftreten. Nun scheint sich in unserem Experiment die Kraft der Argumente der neutralen bzw. heiteren Teilnehmer so gut wie gar nicht voneinander zu unterscheiden. Hingegen treten die Gutgelaunten souveräner und selbstsicherer auf, was sich in ihrer Rhetorik niederschlägt. Genau das ist auch zu beobachten, wenn wir uns ansehen, wie die Rhetorik der Teilnehmer nach unterschiedlichen Vorbereitungszeiten bewertet wurde (Bild 3.3).

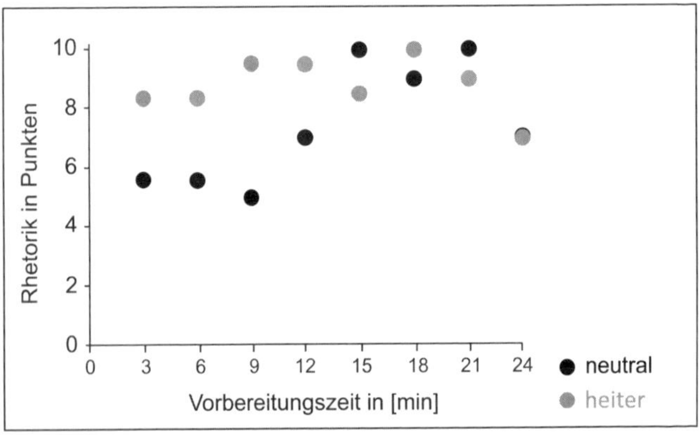

Bild 3.3 Positiv gestimmte Personen treten schon nach kurzer Vorbereitungszeit mit einer guten Rhetorik auf.

Auch hier wieder dasselbe Bild: Die heiteren Teilnehmer schnitten bereits nach wenigen Minuten Vorbereitungszeit gut ab, während die neutralen Personen mindestens zwölf Minuten Bearbeitungszeit brauchten, um das Niveau der Heiteren zu erreichen. Offenbar waren die heiteren Teilnehmer derart positiv gestimmt, dass sie ihre gute Laune sofort in ein entsprechend sicheres Auftreten bei ihrem Kurzvortrag umwandeln konnten. Die neutralen Teilnehmer mussten sich hingegen erst mit der Aufgabenstellung vertraut machen und gewannen erst nach der Ausarbeitung die nötige rhetorische Sicherheit für ihren Auftritt. Heitere Verhandler sind also in diesem Versuch in gewissem Maße flexibler, sie können sich schneller auf eine neue Aufgabe einstellen. Ein entscheidender Aspekt, wenn es darum geht, in Verhandlungen unter Zeitdruck erfolgreich aufzutreten.

Interessant ist auch ein weiterer Punkt: Die rhetorische Klasse fällt nach 18 Minuten wieder ab, genauso wie wir es für die generelle Überzeugungskraft gemessen haben. Eine mögliche Erklärung dafür: Die Teilnehmer hatten keine Lust mehr. Man muss sich vorstellen, dass sie über 20 Minuten an ihrem Fallbeispiel gesessen hatten und dabei eine gewisse Langeweile eintrat (zumindest konnten wir das bei der Beobachtung der Teilnehmer feststellen). Dementsprechend unmotiviert traten sie auch weniger überzeugend in ihrem Kurzvortrag vor dem Großhändler auf.

Neben genereller Überzeugungskraft und dem Umgang mit dem Zeitdruck in dieser Fallstudie konzentrierten wir uns auf die Qualität bzw. die Kreativität der Argumente. Die Frage war, ob heiter gestimmte Menschen bessere – weil ungewöhnlichere – Argumente fanden. Doch unsere Auswertung zeigte, dass zwischen den beiden Teilnehmergruppen kein Unterschied in der Qualität der Argumente bestand (Bild 3.4).

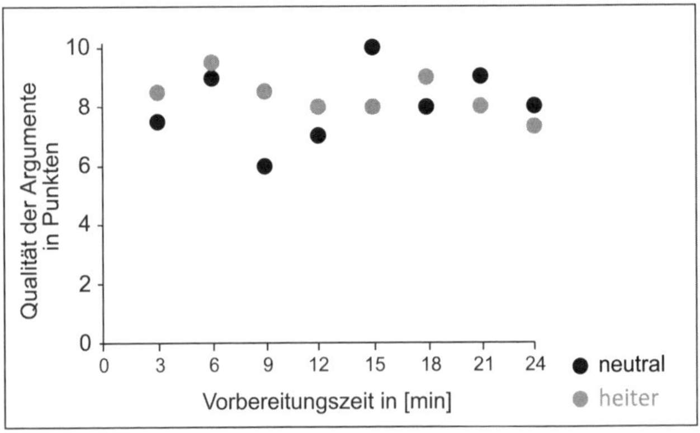

Bild 3.4 Ob Argumente gut oder schlecht sind, hängt in diesem Experiment nicht von der Vorbereitungszeit ab.

Selbst wenn man den Faktor »Zeit« unberücksichtigt lässt und von allen Teilnehmern die Qualität der Argumente bewertet, stellt sich kein Unterschied heraus: Die Argumente der neutralen Personen wurden mit durchschnittlich 7,9 Punkten bewertet, die der heiteren Verhandler mit 8,1 Punkten.

3.4 Was lernen wir daraus?

Erkenntnis 1

Heiter gestimmte Menschen sind in diesem Experiment überzeugender.

Dabei ist der Erfolg heiter gestimmter Verhandler vor allem auf ihr selbstsicheres Auftreten zurückzuführen. Ihre Rhetorik wirkt gefestigter und sie können ihre Argumente generell überzeugender vermitteln. Die Befürchtung, dass es ein »zu viel« an guter Laune gebe, konnten wir in unserem Versuch nicht bestätigen. Auch äußerst gut gelaunte Verhandler, die nur sehr wenig Zeit für ihre Fallstudie hatten und noch unter dem Eindruck der lustigen Vorbereitung standen, konnten genauso gut verhandeln wie ihre Kollegen, die mehr Zeit hatten.

Humor und gute Laune bewirken also eine gewisse Selbstsicherheit, die beim Verhandlungspartner wahrgenommen wird. Die Motivation, eine Verhandlung erfolgreich abzuschließen, steigt mit dem Ausmaß der humorvollen Stimmung an. Das ist verständlich, wenn man beobachtet, was im Gehirn bei einer humorvollen Reaktion passiert. Untersuchungen deuten darauf hin, dass ein besonderes Belohnungszentrum im Gehirn (das dopaminerge System, da es Dopamin als Botenstoff verwendet) durch Witz und gute Laune aktiviert wird (Bekinschtein u. a. 2011). Dieses Belohnungssystem liegt tief im Gehirn und verbindet wichtige neuronale Schaltkreise miteinander. Wird es aktiviert, so erhöht das Großhirn seine Konzentration auf ein bestimmtes Ziel, derweil reduzieren andere Regionen das Angstgefühl und erzeugen eine starke Motivation, das fokussierte Ziel auch zu erreichen. Da kommt also alles zusammen: Konzentration, gute Laune und Motivation – dem kann sich keiner entziehen und man strebt mit maximalem Einsatz nach seinem Ziel, in unserem Fall nach einem guten Verhandlungsergebnis. Wie moderne bildgebende Verfahren der Hirnaktivität zeigen, wird eben dieses Belohnungssystem aktiv, wenn wir humorvoll gestimmt sind (Mobbs u. a. 2003). Humor und Witz verstärken also nicht nur die Aktivität von Emotionszentren im Gehirn, sodass wir uns besser fühlen (Stichwort »gute Laune«), sondern sie bewirken auch eine verstärkte Motivation, ein bestimmtes Ziel zu erreichen (Stichwort »Begierde«).

Eine erheiterte Stimmung wirkt sich nicht immer so extrem auf dieses Belohnungssystem aus, wie soeben beschrieben, aber sie reicht aus, um eine besondere Form der Motivation zu erzeugen. Man ist einfach ein wenig »wacher«, ein wenig »selbstsicherer«, als wenn man sachlich und neutral auftreten würde.

Schon ein kleiner emotionaler Schub in die richtige Richtung kann also einen großen Effekt für die Verhandlung haben.

Wir konnten keinen Unterschied hinsichtlich der »Freundlichkeit« im Auftreten der heiteren bzw. neutralen Teilnehmer feststellen. Man hätte ja vermuten können, dass sich die gute Laune von den heiteren Teilnehmern auf ihren fiktiven Verhandlungspartner überträgt. Obgleich dieser eine neutrale Rolle einnehmen sollte, hätte sich eine positive Verhandlungsatmosphäre in einer besseren Bewertung niederschlagen können. Auch dies konnte schon in Untersuchungen der Hirnaktivität bestätigt werden, denn je attraktiver und freundlicher ein Gegenüber bewertet wurde, desto eher sprang bei einem selbst das gerade genannte dopaminerge Belohnungssystem an (Cloutier u. a. 2008). Gute Laune ist eben ansteckend. Doch in unseren Tests konnten wir nicht feststellen, dass die heiteren Teilnehmer auch heiterer auftraten. Offenbar führt eine gut gelaunte Stimmung in erster Linie zu einer Verbesserung des eigenen Selbstbewusstseins, dessen (unterschwellige) Signale vom Gesprächspartner wahrgenommen werden.

Erkenntnis 2

Gut gelaunte Menschen treten in diesem Experiment sicherer auf, ohne dass sie die wirkungsvolleren Argumente haben.

Heitere und neutrale Verhandler unterschieden sich in dieser Fallstudie nicht in der Auswahl der Argumente. Zwar wurden verschiedene Argumente entwickelt, je nachdem, ob die Teilnehmer nur wenig oder viel Zeit dafür hatten, doch führte dies nicht unbedingt zu einer Qualitätsverbesserung. Es mag überraschen, dass die heitere Teilnehmergruppe in diesem Experiment nicht auf kreativere Ideen kam. Denn positive Emotionen verstärken üblicherweise die kreative Geisteskraft. Eine angenehme Grundstimmung verbessert beispielsweise die Qualität der kreativen Ideen während eines Brainstorming-Prozesses (Davis 2009). Allerdings zeigen einige aktuelle Untersuchungen, dass dies nicht immer gilt: Es scheint ein Optimum an positiver Emotion zu geben und eine weitere Zunahme an positiven Gefühlen verbessert nicht die Kreativität (Chermahini/Hommel 2012). Gehirne arbeiten eben nicht nach dem Motto »viel hilft viel«, sondern sie dosieren ganz genau ihre Stimmungslagen, um bestmöglich zu arbeiten.

Entsprechend verhielten sich auch die Teilnehmer in unserem Experiment. Die heiter gestimmten Personen überzeugten in der Regel mit den gleichen bzw. ähnlichen Argumenten wie die neutralen Teilnehmer – sie waren nicht unbedingt kreativer im Erzeugen von Argumenten, sondern sie vermittelten diese »besser«.

Erkenntnis 3

Humorvolle Verhandler sind flexibel und können sich schnell auf eine neue Situation (in diesem Fall unsere fiktive Verhandlungssituation) einstellen.

Der größte Vorteil der humorvollen, heiteren Teilnehmer war ihre Flexibilität: Auch wenn sie kaum Zeit hatten, um sich mit ihrer Rolle in dieser Verhandlungssituation vertraut zu machen, konnten sie überzeugend auftreten. Im Gegensatz zu den neutralen Teilnehmern benötigten sie keine »Mindestvorbereitungszeit« von etwa 15 Minuten für ihr Eröffnungsplädoyer, sondern überzeugten auch ohne große Vorbereitung.

Erkenntnis 4

Gute Laune geht vorbei.

Das überrascht Sie sicher nicht, denn wer ist schon permanent gut drauf? Interessant ist jedoch, dass der »Effekt der guten Laune«, den wir bei den Teilnehmern zu Beginn noch messen konnten, nach etwa 15 Minuten komplett verschwindet. Es machte danach keinen großen Unterschied mehr, ob die Teilnehmer zu Beginn gut gelaunt waren oder nicht – und während die neutralen Teilnehmer mit zunehmender Vorbereitung auf ihre Verhandlung an Überzeugungskraft gewannen, so sank diese für die vormals heiteren Teilnehmer ab.

Konsequenzen für das eigene Verhandeln

Diese Erkenntnisse haben konkrete Auswirkungen, wenn man sein eigenes Verhandeln verbessern möchte. Die wichtigste Botschaft: Humor wirkt in erster Linie bei einem selbst. Wenn Sie also gut gelaunt in eine Verhandlung gehen, hat das zunächst einmal den Vorteil, dass Sie sich selbst besser fühlen – und das ist der erste Schritt, um seine Ziele zu erreichen. Humor ist daher eine Möglichkeit, um sich selbst und seine Rhetorik zu festigen. Als Verhandlungspartner senden Sie subtil die Botschaft aus: »Ich fühle mich in meiner Rolle wohl und freue mich auf die Verhandlung.« Unterschwellig wird dies von Ihrem Gesprächspartner bemerkt werden. Er wird ihre Lockerheit zu schätzen wissen. Somit führt Humor indirekt zu einem erfolgreicheren Auftreten.

Ein weiterer Vorteil des Humors: Er macht Sie flexibel – auch für neue Verhandlungssituationen. So stellen sich heiter gestimmte Menschen schnell auf eine neue Situation und/oder Aufgabe ein. In unserem Fallbeispiel bezogen die Teilnehmer ihre Überzeugungskraft aus ihrem selbstsicheren Auftreten und waren eben nicht darauf angewiesen, sachlich und analytisch neue Argumente zu entwickeln. Wenn Sie das nächste Mal selbst verhandeln, seien Sie sich daher bewusst, dass manchmal nicht das beste Argument entscheidet, sondern das beste Auftreten.

Passen Sie jedoch auf: Eine heitere Stimmung ist nicht von Dauer – und wenn Sie verhandeln, kann diese schon nach wenigen Minuten »verschwunden« sein. Ein wirkungsvolles Gegenmittel können daher Pausen sein. Pausen haben in Verhandlungen manchmal keinen guten Ruf. Sie werden unter Umständen als Eingeständnis einer Schwäche verstanden: Wer will schon eine Verhandlung unterbrechen? Wohl nur derjenige, der sich nicht wohlfühlt in seiner Haut! Doch unterschätzen Sie nicht, wie wirkungsvoll Sie eine Pause nutzen können. Sie können nicht nur Ihre aktuelle Strategie oder ein konkretes Angebot Ihres Verhandlungspartners überdenken, sondern sich auch emotional neu sammeln. Verhandlungen sind oft sehr stressig, doch durch Pausen können Sie sich dazu ermuntern, eine neue positive Emotion zu entwickeln, um die Gespräche mit neuer Selbstsicherheit fortzusetzen. Im Idealfall wirkt sich diese positive Grundstimmung auf die gesamte Verhandlungsatmosphäre aus.

Humor und gute Laune scheinen also wichtige Katalysatoren zu sein, um überzeugend aufzutreten. Doch daran schließt sich gleich die nächste Frage an: Kann man das lernen? Oder gibt es Verhandlungstypen, die diese »Überzeugungskraft« des Humors besonders gut einsetzen können? Auch hier legen Untersuchungen der Hirnaktivität nahe, dass Humor eine Frage der Persönlichkeit ist. Je nachdem, ob man eher extrovertiert oder introvertiert bzw. emotional stabil oder instabil ist, reagiert das Gehirn unterschiedlich auf eine humorvolle Situation und aktiviert verschiedene Hirnbereiche (Mobbs u. a. 2005). Es scheint also tatsächlich eine biologische Komponente des Humors zu geben.

»Um Himmels willen!«, mögen Sie nun sagen, »wenn schon

feststeht, wie humorvoll man ist, wie soll man sich dann verbessern können?«

Seien Sie beruhigt: Glücklicherweise ist das Gehirn kein statischer Computer, keine Rechenmaschine. Vielleicht haben Sie es schon bemerkt: Das Gehirn lebt! Und es verändert sich, je nachdem, welchen Input es erhält.

Im nächsten Kapitel können Sie sich über verschiedene Verhandlungstypen informieren. Vielleicht erkennen Sie sich ja schon auf den ersten Blick. Mit diesem Wissen machen Sie den nächsten Schritt zu einem Verhandler, dessen Gespräche meist gelingen: Sie lernen sich selbst besser kennen und entwickeln Ihr individuelles Verhandlungsprofil. Die Kunst des Verhandelns ist keineswegs angeboren, sie ist trainierbar. Und selbst wenn Sie es kaum für möglich halten, den stärksten Antrieb dafür bringen Sie bereits mit: ein funktionierendes Gehirn. Gehirne sind wissbegierig und wollen trainiert werden.

Egal, welche Verhandlungsstrategien Sie später einsetzen werden, Humor und gute Laune werden immer dazu beitragen, dass Sie Ihre Ziele erreichen.

3.5 Quintessenz aus diesem Kapitel

Diese Erkenntnisse haben wir von dem Verhalten der Teilnehmer unseres Experiments in ihrer konkreten Verhandlungssituation abgeleitet.

- Humorvoll gestimmte Menschen sind selbstsicher. Das wirkt sich auf ihre Überzeugungsfähigkeit aus.
- Emotional positiv gestimmte Verhandler stellen sich schnell und flexibel auf eine neue Situation ein.
- Gute Laune führt zu einer besseren Rhetorik und einem überzeugenden Auftreten.

3.6 Fragen der Selbstreflexion

Was aus diesem Kapitel ist besonders wertvoll für meinen eigenen Alltag? Bin ich ein eher positiver oder eher ein negativer Mensch? Wie schätzt mich mein Umfeld ein?

Mit welchen Schritten werde ich oben Genanntes umsetzen? Was kann ich konkret tun, um mit einer positiven Stimmung in eine Verhandlung zu gehen?

Welche eigenen Erfahrungen habe ich bereits gemacht, die etwas vom Inhalt dieses Kapitels widerspiegeln? Was hebt meine Stimmung? Wie beeinflusst meine Stimmung das Gegenüber?

3.7 Literatur

Akbari Chermahini, S.; Hommel, B. (2012) Morecreative through positive mood? Not everyone! Front Hum Neurosci. 2012;6:319

Bekinschtein, T.A.; Davis, M.H.; Rodd, J.M.; Owen, A.M. (2011): Why clowns taste funny: the relationship between humor and semantic ambiguity. J Neurosci, 29;31(26):9665–71

Cloutier, J.; Heatherton, T.F.; Whalen, P.J.; Kelley, W.M. (2008): Are attractive people rewarding? Sex differences in the neural substrates of facial attractiveness. J. Cogn Neurosci, 20(6): 941–51

Davis, M.A. (2009): Understanding the relationship between mood and creativity: a meta-analysis. Organ. Behav. Hum. Decis. Process. 108, 25–38.

Mobbs, D.; Greicius M.D.; Abdel-Azim, E.; Menon, V.; Reiss, A.L. (2003): Humormodulates the mesolimbic reward centers. Neuron, 4;40(5):1041–8

Mobbs, D.; Hagan, C.C.; Azim, E.; Menon, V.; Reiss, A.L. (2005): Personality predicts activity in reward and emotional regions associated with humor. Proc Natl Acad Sci U S A, 8;102(45):16502–6

Kapitel 4: Eigene Kompetenz kennen: Welcher Verhandlungstyp bin ich?

Sind Sie ein talentierter Verhandler? Sie glauben zwar ja, sind sich jedoch nicht ganz sicher? Wie wäre es, wenn Sie Ihre Verhandlungsfähigkeiten mit denen von Profi-Verhandlern vergleichen könnten? Interessiert? Ja? Wunderbar. Denn das ist möglich! Mit der Verhandlungskompetenz-Analyse.

Diese Kompetenzanalyse basiert auf der Forschungsarbeit von Petar Atanasov, Leiter des ap Instituts für Wirtschaftspsychologie in Leinfelden, und wurde gemeinsam mit Birgit Hauser entwickelt. Es ist ein komplexes mathematisches System, das menschliches Verhandlungsverhalten vorhersagbar machen kann.

Gerade im Verhandlungskontext ist die Kenntnis der eigenen Verhaltenspräferenzen und -fähigkeiten wichtig. Wer eigene Stärken und Defizite erkennt, kann individuelle Strategien und Vorgehensweisen entwickeln, um das Beste aus Verhandlungssituationen herauszuholen.

→ *Beispiel*

Die Mitarbeiterin einer Non-Profit-Organisation klagte, dass sie ihre Gesprächspartner nach einem guten ersten Gesprächseinstieg häufig doch nicht dazu bewegen konnte, sich an Aktionen zu beteiligen bzw. ihre Organisation finanziell oder zeitlich zu unterstützen. Sie konnte sich das nicht erklären. Eine Analyse ihres Verhandlungsverhaltens ergab, dass sie eine typische Konfliktvermeiderin ist. Wenn die Gesprächspartner nicht sofort Feuer und Flamme für ihre Vorschläge waren, dann ergab sich in ihrem Inneren die Haltung »Na, dann lass es eben …«. Diese Haltung, gepaart mit dem Gefühl der Ablehnung der eigenen Vorschläge, führte dazu, dass sie in einer Verhaltensspirale »nach unten« trudelte, aus der sie kaum noch herausfinden konnte. Mit jeder ablehnenden Antwort manifestierte sich in ihrem Denken die Überzeugung: »Wer nicht erkennt, für welch' tolle Organisation ich arbeite und wie wichtig diese Arbeit für die Gesellschaft ist, der soll mir doch gestohlen bleiben.« Die Folge dieser Denkhaltung brachte wenig Erfolg beim Verhandeln mit Menschen.

Durch die Verhandlungskompetenz-Analyse und die anschließenden Verhandlungscoachings erkannte sie diese Zusammenhänge und konnte nun systematisch daran arbeiten, den Fallschirmsprung (bei dem es abwärts geht) in eine Ballonfahrt (bei der es aufwärts geht) zu verwandeln. Heute gewinnt sie immer noch nicht alle Menschen für sich, mit denen sie spricht. Aber wer kann das schon? Zumindest ist es ihr gelungen, durch eine souveränere innere Haltung mehr Menschen für ihre Organisation zu gewinnen als je zuvor. Das genügt vollkommen.

Wissen Sie, wie Sie in Verhandlungen ticken? Wie Sie typischerweise mit Widerstand umgehen oder wie sich Ihr (oft unbewusstes) Verhalten auf Ihre Verhandlungsergebnisse auswirkt? Kennen Sie Ihre Grenzen? Was erzählt Ihnen Ihr Bauchgefühl?

Verschränken Sie doch einmal Ihre Arme vor der Brust. Fast alle von uns tun dies auf die immer gleiche Weise, sprich: Der gleiche Arm ist immer oben. Versuchen Sie nun, Ihre Arme genau anders herum zu verschränken. Das fällt Ihnen schon schwerer, nicht wahr? Und möglicherweise war es Ihnen bisher gar nicht bewusst, dass Sie hier eine Präferenz entwickelt haben.

Wir entwickeln im Laufe unseres Lebens Präferenzen, wie wir bestimmte Aufgaben routiniert erledigen. Grundlage dafür sind unsere Erfahrungen, die wir in ein Handlungsschema packen. So lernen wir, wie wir unsere Ziele am besten bzw. am einfachsten erreichen. Solche Handlungsmuster sind äußerst praktisch, denn sie beschleunigen und vereinfachen unsere Entscheidungen. Wir handeln konsistent, müssen nicht bei jeder Kleinigkeit lange überlegen. Wir büßen damit allerdings auch etwas an Flexibilität ein, denn meist verharren wir in unseren Denk- und Handlungsgewohnheiten, ohne sie zu hinterfragen. Dabei kann es äußerst nützlich sein, wenn man seine Handlungsmuster genauer kennt, um sie individuell zu variieren – je nach konkreter Situation.

Denn auch im Falle von Verhandlungen ist unser Verhalten von unseren persönlichen Präferenzen geprägt. Den meisten Menschen sind sie häufig gar nicht bewusst, denn wir nehmen über Jahre eingeschliffene Handlungsmuster gar nicht mehr wahr. Vielleicht ist Ihnen bereits aufgefallen, dass Sie in bestimmten Situationen manchmal nicht weiterkommen und wiederum in anderen Situationen mit Leichtigkeit Ihre Ziele erreichen. Woran liegt das?

Es gibt seit über fünfzig Jahren verschiedene Eignungsdiagnostiksysteme, die unter anderem in der Organisationsentwicklung, in der Personalentwicklung und im Recruiting eingesetzt werden. Einige davon basieren auf der Theorie von Carl Gustav Jung, der die Persönlichkeit eines Menschen anhand seiner Verhaltenspräferenzen beschreibt.

Es ist vorteilhaft zu erkennen, wie man selbst ist, und im zweiten Schritt zu lernen bzw. Hypothesen darüber anzustellen, wie der Verhandlungspartner bzw. der Gesprächspartner einzuschätzen ist. Vergessen Sie nicht, dass alle Einschätzungen und Positionen in Verhandlungen nicht nur aufgrund von Fakten erklärt werden können, sondern sich auch auf die Persönlichkeit der Verhandlungsteilnehmer zurückführen lassen. Jede Verhandlungsposition ist relativ und wird auch durch die Antwort des Gegenübers bestimmt. Zu erkennen, welchem Verhandlungsprofil man selbst folgt oder welchem Verhandlungstypus man gegenübersitzt, hilft daher, die Verhandlung unter seine Kontrolle zu bringen.

Durch die Kompetenzanalyse erhalten Sie auch den interessanten Vergleich zwischen Ihren Eigenschaften und den Verhandlungsfähigkeiten vieler professioneller Berufsverhandler, aus denen das Referenzprofil entstanden ist. So können Sie erkennen, welchen Wert zum Beispiel ein professioneller Verhandler bei der Eigenschaft »Binäres Denken überwinden« hat und wie Ihr eigener Wert im Vergleich dazu ist.

Die Beschreibung und die Beschäftigung mit den unterschiedlichen Verhandlungstypen ist sinnvoll, um herauszufinden, welcher Typus bei einem selbst eher dominant ist, welche Stärken sich daraus ergeben und welche Defizite. Dieser Blick alleine genügt nicht, gibt jedoch Orientierung, in welchen Bereichen Sie Ihre Fähigkeiten weiterentwickeln sollten.

> »Hardfacts sind die Ergebnisse der Wechselwirkungen der Soft Skills! Alles ist mit allem verbunden. So ist jedes Teil des Ganzen lediglich eine Kombination aus allen anderen Teilen.« (Petar Atanasov; während eines Vortrags in Stuttgart, 19.02.2013)

Es gehört zum Grundverständnis eines erfolgreichen Verhandlers, den Verhandlungspartner aufmerksam zu beobachten. Alles, was er tut, wie er sich verhält, welche Sprache er spricht, ist wichtig für Sie. Damit ist nicht nur das profane »Lesen der Körpersprache« gemeint, wenngleich auch dies in der einen oder anderen Hinsicht »erleuchtend« ist. Beobachten Sie vielmehr die Art, wie Ihr Gesprächspartner direkt oder indirekt zum Kern des Themas kommt. Spricht er laut oder bevorzugt er die leisen Töne, spricht er schnell oder langsam, welchen Habitus legt er an den Tag? Mit Gespür und feiner Beobachtungsgabe erfahren Sie mehr als Sie denken. So können Sie einen adäquaten Verhandlungs- und Kommunikationsstil an den Tag legen und sich ganz auf Ihren Gesprächspartner einstellen. Sie werden sehen, dass es sich lohnt, die eigene Beobachtungsgabe zu schärfen.

Die besten Verhandler sagen unisono, dass das »sich Einstellen auf den Gesprächspartner« eines der wichtigsten Erfolgskriterien ist. Nur wenn Sie erkennen, was Ihrem Verhandlungspartner wirklich wichtig ist, können Sie entsprechende Vorschläge zur Lösung differierender Auffassungen unterbreiten, die der andere auch annehmen kann. Was nützt es, wenn Sie zwar die kreativsten Ideen zur Lösungsfindung entwickeln, diese aber bei Ihrem Gesprächspartner nicht auf fruchtbaren Boden fallen?

Nachfolgend sind vier verschiedene Typen beschrieben, die wir mit Bezeichnungen aus dem Bergsport versehen haben:

- Bergführer
- Gipfelstürmer
- Sherpa
- Erstbesteiger

Vielleicht glauben Sie bereits, sich auf den ersten Blick zu erkennen. Doch Vorsicht! Niemand ist zu 100 Prozent einer Typologie zuordenbar. Wir alle haben von allen Typen etwas in uns. Meist ist jedoch ein Typus deutlicher ausgeprägt. Verhaltensweisen sind immer auch im Kontext der jeweiligen Situation zu betrachten.

Die Darstellung der Typen basiert auf dem Wissen und den Beschreibungen von P. Atanasov (Lebensmodelle), M. Billings-Yun (2010), C.G. Jung (1971), F. Riemann (2009) und ist in dieser Zusammensetzung (nach unserem Wissen) noch nie veröffentlicht worden. Sie soll Ihnen bei der Einschätzung Ihrer Gesprächspartner hilfreich sein. Nicht nur durch die Einschätzung alleine, sondern auch durch die Sicherheit, die Sie dadurch gewinnen können.

4.1 Bergführer

Der Bergführer agiert selbstbestimmt und introvertiert, sein Ziel ist es, alle Expeditionsteilnehmer auf den Gipfel zu bringen (Gewinn). Wenn er das schafft, ist er stolz auf sich selbst und seine Leistung. Er strebt nach dem Respekt in der Gruppe und ist zufrieden, wenn die Teilnehmer seiner Bergtouren seine Anweisungen befolgen. Dazu muss er mentale Kontrolle ausüben und strukturiert vorgehen. Er kann besonders gut planen, behält den Überblick, ist absolut auf das Erreichen des Gipfels fokussiert. Dabei agiert er konzentriert, ist entschlossen und kann sich sehr gut durchsetzen. Er braucht das Gefühl, die Kontrolle zu behalten, und macht keinen Schritt zu viel, denn das würde nur unnötig Kraft kosten. Er bewegt sich langsam und achtsam mit einer inneren Würde. Seine Gestik ist nicht ausgeprägt und seine Bewegungsabläufe sind abgehackt. Der Bergführer setzt oft ein Pokerface auf. Wenn die Dinge nicht so laufen, wie er sich dies vorstellt, zum Beispiel in Situationen, in denen er seine Stärken nicht ausleben kann, kann er arrogant, misstrauisch und stur werden – nach dem Motto »Dann soll doch jemand anderer die Aufgabe übernehmen«. Muss ein Bergführer mit »uneinsichtigen« Verhandlungspartnern umgehen, die seiner Argumentation nicht folgen wollen, kann ihn das aggressiv machen.

Wenn Sie mit einem Bergführer verhandeln, dann sollten Sie ihm das Gefühl geben, die Kontrolle zu haben, ihm genügend Zeit geben, um zu überlegen sowie detailreich und logisch

Möglichkeiten aufzeigen, mit denen er seine Ziele erreichen kann. Zeigen Sie Respekt für das, was ein Bergführer bisher in seinem Leben erreicht hat, und arbeiten Sie diszipliniert alle Punkte Ihrer Agenda ab, ohne zu viel Smalltalk rundherum.

Der Bergführer ist vollkommen bereit, die Verantwortung für seine Verhandlungsergebnisse zu tragen.

Sind Sie selbst der Bergführer-Typ?

Wenn Sie selbst auffallend viele Bergführer-Eigenschaften bei sich erkennen, dann machen Sie sich bewusst, dass nicht alle Menschen so strukturiert, genau und »perfekt« sind wie Sie.

→ *Beispiel*

Ein Ingenieur der Elektrotechnik bei einem global tätigen Konzern erfüllte seine Aufgaben immer zu »130 Prozent« und war ganz besonders mit seiner Arbeitsweise zufrieden. Sein Vorgesetzter hat ihn über viele Jahre nicht befördert. Warum? Die 130 Prozent verursachten mehr Kosten, die den Kunden nicht in Rechnung gestellt werden konnten. Und den Kunden des Unternehmens wäre eine 90- bis 95-prozentige Arbeit vollkommen genug gewesen.

Als Bergführer wissen Sie immer genau, was Sie wollen, und Ihnen sind Bestätigung und Respekt wichtig. Wenn Ihnen also jemand gegenübertritt und Ihnen zu wenig Respekt entgegenbringt, dann bleiben Sie gelassen und konzentrieren Sie sich auf die einzelnen Punkte Ihrer Agenda.

Eine Schwäche der Bergführer ist, dass sie andere nicht immer gründlich und ausreichend informieren und oft kein positives Feedback geben, das gerade in Verhandlungen wichtig ist. Als Bergführertyp laufen Sie Gefahr, aggressiv zu werden, wenn Ihr Gesprächspartner nicht sofort von Ihren Vorschlägen angetan ist und uneinsichtig auf seiner Meinung beharrt. Sobald Ihnen das bewusst ist, fällt es Ihnen leichter, entspannt und gleichmütig zu bleiben.

Überlegen Sie

- Haben Sie in Ihrem wirtschaftlichen Umfeld mit einem Bergführer zu tun?
- Wer könnte ein Bergführer sein und welches Kommunikationsverhalten fällt Ihnen an ihm/ihr auf?
- Wie bereiten Sie sich auf Ihr nächstes Gespräch am besten vor, wenn Sie einen Bergführer überzeugen bzw. begeistern möchten?
  - Von einer Idee?
  - Für eine Aufgabe?
  - Für ein gemeinsames Projekt?

4.2 Gipfelstürmer

Der Gipfelstürmer ist ein extrovertierter, fremdbestimmter Mensch, der sich am wohlsten in einer Gruppe fühlt, wo er Anerkennung für seine Leistungen erhält. Ihm ist eine gute, emotionale Beziehung zu den Menschen wichtig, mit denen er zu tun hat. Auch Geselligkeit ist ihm wichtig. In Gruppen und in Wettkampfsituationen fühlt er sich wohl. Er kann überaus gut verkaufen sowie überzeugen und hat ein sehr gutes Gespür für die Bedürfnisse seiner Gesprächspartner. Er ist mitreißend, motivierend, meist lustig und humorvoll, lächelt und lacht viel, macht große Gesten und ist fast immer freundlich und verbindlich. Ihm sind Statussymbole und Prestige wichtig und er will für seine Handlungen anerkannt werden.

In all seinem Überschwang spricht er zu viel und wird häufig als Plappertasche wahrgenommen. Gipfelstürmer vertragen

Kritik nicht besonders gut, außerdem haben sie Angst davor, sich zu blamieren. Wenn die Dinge nicht so laufen, wie er sich das vorstellt, dann wird er voreilig, hektisch, indiskret und manchmal zynisch. Nimmt ein Gipfelstürmer Intoleranz wahr, kann ihn das aggressiv machen.

Wenn Sie mit einem Gipfelstürmer verhandeln, dann passen Sie auf, dass er Sie nicht mitreißt in seine »fantastische Welt« und Sie darüber Ihre eigenen Ziele vergessen. Hören Sie ihm aktiv zu. Den Gipfelstürmer gewinnen Sie für sich, wenn Sie ihm aufzeigen, in welch leuchtenden Farben seine Zukunft strahlt, wenn er mit Ihnen ins Geschäft kommt. Ihn überzeugen Sie mit Metaphern, Gleichnissen und mit Gefühlen. Für Zahlen, Daten und Fakten hat er weniger übrig. Die Verantwortung für die Verhandlungsergebnisse übernimmt er gerne, wenn sie für ihn besonders vorteilhaft sind. Erzielt er aus seiner Sicht weniger profitable Ergebnisse, neigt er dazu, die Verantwortung dafür auf andere bzw. auf die Umstände abzuschieben.

Gipfelstürmer brauchen Entscheidungshilfen in Form von klaren Strukturen und Rahmenbedingungen.

Das Ergebnis einer Verhandlung zwischen einem Bergführer und einem Gipfelstürmer kann besonders nachhaltig und profitabel für beide Seiten sein. Der Gipfelstürmer »rauscht« emotional und begeistert los, übersieht dabei aber wichtige Prozessschritte, die ein Bergführer wiederum bedächtig und aus allen Perspektiven beleuchtet.

HINWEIS

Sind Sie selbst ein Gipfelstürmer?

Wenn Sie selbst auffallend viele Gipfelstürmer-Eigenschaften bei sich erkennen, dann achten Sie darauf, dass Sie nicht zu viel reden, dass Ihre Gesprächspartner ausreichend Zeit zur

Verfügung haben, um ihre Sicht der Dinge darzustellen. Sie kennen vielleicht das alte Sprichwort: Wer viel spricht, erfährt wenig. Die Gefahr ist groß, dass Gipfelstürmer in ihrem Überschwang völlig übersehen bzw. nicht bemerken, dass sich ihre Gesprächspartner mehr und mehr unwohl fühlen. Wichtig ist, dass Ihre Gesprächspartner darauf vertrauen können, dass Sie ernsthaft und glaubwürdig den Nutzen für beide Parteien im Auge haben.

Gipfelstürmer versuchen mit vielen Mitteln, Konflikte zu vermeiden, und scheuen sich, vermeintlich Unangenehmes auszusprechen. Sie nehmen kurzfristige Lösungen in Kauf und verlieren die Aufmerksamkeit, wenn Detailfragen zu klären sind.

Gipfelstürmer vertragen nur sehr schlecht Kritik.

Gipfelstürmer haben eine sehr hohe Überzeugungskraft und sind wunderbar dazu geeignet, auf einer Ebene zu verhandeln, auf der es nicht um detaillierte Arbeitsschritte geht. »Gut, so wird es gemacht. Um die Sachfragen sollen sich unsere Juristen kümmern. Lassen Sie uns nun eine Runde Golf spielen.«

Überlegen Sie

- Haben Sie in Ihrem wirtschaftlichen Umfeld mit einem Gipfelstürmer zu tun?
- Wer könnte ein Gipfelstürmer sein und welches Kommunikationsverhalten fällt Ihnen an ihm/ihr auf?
- Wie bereiten Sie sich auf Ihr nächstes Gespräch am besten vor, wenn Sie einen Gipfelstürmer überzeugen bzw. begeistern möchten?
  - Von einer Idee?
  - Für eine Aufgabe?
  - Für ein gemeinsames Projekt?

4.3 Sherpa

Die Sherpas, im echten Bergsteigerleben die wahren Helden, sind meist introvertierte und fremdbestimmte Menschen, die sich am wohlsten unter einer Führung fühlen. Sie wollen angenommen sein und ordnen diesem Ziel vieles unter. Das Ziel der Sherpas ist, kontinuierlich dafür zu sorgen, dass eine gute (erprobte) Situation erhalten bleibt. Ein Sherpa kann sehr gut zuhören, strahlt Ruhe und Gelassenheit aus und spricht wenig. Sie bewegen sich eher langsam. Sherpas sind rücksichtsvoll und entgegenkommend sowie hilfsbereit. Im Gespräch sind sie häufig unpräzise und undeutlich.

Sherpas haben Angst vor Pflichtvernachlässigung und vor Selbstverwirklichung. Häufig tun Sherpas alles, damit die Idee eines anderen Wirklichkeit wird. Sherpas verhandeln am besten für andere. Sie tun sich schwer, für sich selbst zu verhandeln. In Situationen, in denen sie ihre Stärken nicht ausleben können, vergraben sich Sherpas und betreiben Ursachenforschung. Wenn die Dinge nicht so laufen, wie ein Sherpa sich das vorstellt, dann kann es schon sein, dass er reserviert, kalt, unentschlossen und misstrauisch wird. Ein Sherpa kann vor allem aggressiv werden, wenn er selbstsüchtiges Verhalten wahrnimmt.

Wenn Sie mit Sherpas verhandeln, dann geben Sie ihnen, was ihnen wichtig ist: Sicherheit. Zeigen Sie geduldig auf, wie eine Lösung aussehen könnte und welche Schritte dafür von beiden Seiten erforderlich sind. Unsichere Menschen haben einen erhöhten Informationsbedarf, wollen alles ganz genau wissen, damit sie möglichst risikolos ihre Ziele erreichen können. Sherpas interessieren sich für die Einschätzung von unabhängigen Dritten, damit sie ein möglichst hundertprozentig richtiges Ergebnis erzielen. Häufig werden vorläufige Verhandlungsergebnisse noch einmal einem Dritten vorgelegt (Rechtsabteilung, Steuerberater ...), der dann sein Okay dazu geben soll. So tragen Sherpas nicht ganz allein die Verantwortung für ihre Verhandlungsergebnisse.

Mit Vorschlägen und Ideen, die alles Dagewesene umkrempeln, kommen Sie bei Sherpas nicht besonders weit.

Sind Sie selbst ein Sherpa?

Wenn Sie selbst auffallend viele Sherpa-Eigenschaften bei sich erkennen, dann achten Sie darauf, dass man Sie nicht vor einen Karren spannt, der gar nicht in die Richtung fährt, die Sie wollen. Überlegen Sie sich schon im Vorfeld ganz genau, welches Ihre Ziele sind. Vermeiden Sie Zugeständnisse, die Sie gar nicht wirklich machen wollen, nur damit das Gesprächsklima harmonisch bleibt. Ihr Bedürfnis nach Stabilität kann Ihnen einen Streich spielen, denn Sie stehen dadurch auch Neuerungen skeptisch gegenüber, die für Sie vielleicht enorme Verbesserungen darstellen würden.

Denken Sie hier zum Beispiel an das Hochspringen. Vielleicht erinnern Sie sich daran, dass in den 1970er-Jahren die Technik des Straddle – also bäuchlings über die Latte – gang und gäbe war. 1972 gelang Ulrike Meyfarth mit dem Flop – also rücklings über die Latte – ein Olympiasieg. Trotzdem hat sich die neue Technik erst einige Jahre später durchgesetzt. Das hätte auch schon früher sein können (Kruse 2010). Erst 1980 mit der Olympiade hat sich der Fosbury Flop als Hochsprungtechnik der Wahl bei allen internationalen Meisterschaften durchgesetzt (Killing 2004).

Überlegen Sie

- Haben Sie in Ihrem wirtschaftlichen Umfeld mit einem Sherpa zu tun?
- Wer könnte ein Sherpa sein und welches Kommunikationsverhalten fällt Ihnen an ihm/ihr auf?
- Wie bereiten Sie sich auf Ihr nächstes Gespräch am besten vor, wenn Sie einen Sherpa überzeugen bzw. begeistern möchten?
  - Von einer Idee?
  - Für eine Aufgabe?
  - Für ein gemeinsames Projekt?

4.4 Erstbesteiger

Der Erstbesteiger schöpft seine Energie aus seiner Selbstbestimmung heraus. Ihm ist Handlungsfreiheit wichtig. Er klettert als Erster in eine Wand, weil er eine innere Befriedigung verspürt, zu dieser Leistung fähig zu sein und sich dies zu beweisen. Erstbesteiger sind schnell. Dem Erstbesteiger ist die bedingungslose Befolgung seiner Anweisungen sehr wichtig, aber nur, wenn er mit jemandem gemeinsam etwas unternimmt. Einmischungen in seine Vorgehensweisen findet er lästig und selbstbewusst auftretende Menschen machen ihn unsicher. Seine Bewegungen sind schnell und direkt, er hält sehr häufig Augenkontakt und hat eine deutliche Gestik. Er ist konzentriert auf das Wesentliche, spricht konkret und setzt sich durch.

Wenn die Dinge nicht so laufen, wie der Erstbesteiger sich das vorstellt, dann kann es schon vorkommen, dass er aggressiv und intolerant wird und mit Schuldzuweisungen von sich selbst ablenkt.

Nimmt der Erstbesteiger Ungerechtigkeiten wahr, so kann ihn das aggressiv machen.

Wenn Sie mit einem Erstbesteiger verhandeln, dann liefern Sie Fakten und seien Sie so effizient wie möglich. Zeitverschwendung ist ihm ein Gräuel.

Er verantwortet seine Verhandlungsergebnisse selbst.

Sind Sie selbst ein Erstbesteiger?

Wenn Sie selbst auffallend viele Erstbesteiger-Eigenschaften bei sich erkennen, dann sollten Sie nicht vergessen, dass Menschen unterschiedliche Zeitkonstanten haben. Nehmen Sie sich immer wieder selbst zurück und mahnen Sie sich zur Langsamkeit, wenn Sie zum Beispiel mit einem Bergführer oder einem Sherpa verhandeln.

Achten Sie auf Zeichen der Überforderung Ihrer Verhandlungspartner. Diese können sich verbal äußern (»Jetzt wäre eine Pause sehr willkommen.«) oder nonverbal, indem sich zum Beispiel jemand an die Stirn greift (das wiederum heißen kann: Ich muss noch weiter darüber nachdenken).

Als Erstbesteiger dominieren Sie – die Situation und/oder auch die Personen, die mit Ihnen verhandeln. Sie tun dies in dem guten Glauben, dass Sie sowieso schon die beste Lösung erdacht haben. Machen Sie sich bewusst, dass Ihre Verhandlungspartner in Entscheidungsprozesse integriert werden wollen.

→ *Beispiel*

Die Verhandlung zwischen einem Personalvorstand und dem Betriebsrat.

Vorstand: *Das ist nun die beste Lösung für alle, für das Unternehmen und für die einzelnen Mitarbeiter. Das werden Sie einsehen. Wir werden dies so einführen und kommen hiermit unserer Pflicht nach, Sie darüber zu informieren.«*

Betriebsrat: *»So können Sie mit uns nicht umgehen. Sie können nicht einfach bestimmen, ohne uns anzuhoren.«* …

Überlegen Sie

- Haben Sie in Ihrem wirtschaftlichen Umfeld mit einem Erstbesteiger zu tun?
- Wer könnte ein Erstbesteiger sein und welches Kommunikationsverhalten fällt Ihnen an ihm/ihr auf?
- Wie bereiten Sie sich auf Ihr nächstes Gespräch am besten vor, wenn Sie einen Erstbesteiger überzeugen bzw. begeistern möchten?
  - Von einer Idee?
  - Für eine Aufgabe?
  - Für ein gemeinsames Projekt?

Eine Kompetenzanalyse gibt Ihnen sehr genau darüber Auskunft, welcher Verhandlungstypus bei Ihnen eher dominiert.

Sie erfahren in kürzester Zeit (das Ausfüllen des Fragebogens dauert in der Regel nicht mehr als einige Minuten), in welchen Bereichen Sie besondere Stärken haben und welche Bereiche noch optimiert werden können. Die Analyse vergleicht Ihre Ergebnisse mit denen von erfahrenen Verhandlern. Unterschieden wird dabei auch zwischen den Geschlechtern. Frauen und Männer agieren manchmal unterschiedlich am grünen Tisch. Bild 4.1 zeigt beispielsweise die Auswertung eines männlichen Teilnehmers.

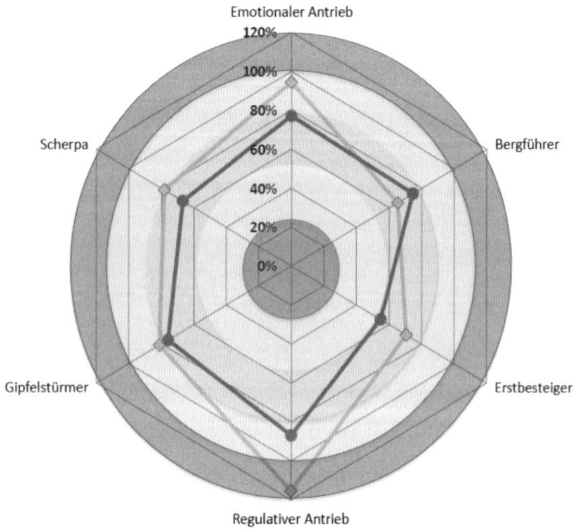

Bild 4.1 Beispiel Teilauswertung einer Verhandlungs-Potenzialanalyse

Eigenschaften guter Verhandler

- Situationen aus der Vogelperspektive betrachten können
- Konfliktfähigkeit
- Positive Sprache verwenden können
- Geduld
- Freundlichkeit und Respekt für den Gesprächspartner
- Innere unabhängige Haltung
- Standhaftigkeit (in Bezug auf die eigenen Ziele)
- Fragetechniken beherrschen
- Herausfinden können, was dem anderen wirklich wichtig ist
- Umsicht: strategisch abwägen können, welche Auswirkungen der aktuellen Verhandlung erst nach Jahren auftreten

- Kreativ und kooperativ mögliche Wege »erfinden« können
- Empathie: In die Rolle des anderen schlüpfen können
- Zuhören können
- Flexibel denken können
- Andere überzeugen können
- Hypothesen bilden können
- Schweigen aushalten können
- Faire Grundhaltung haben
- Interesse am anderen haben
- Radar: auch »Nebenbei-Bemerkungen« erfassen und auf Motive schließen
- Strategisch argumentieren können
- Psychologisches Grundwissen haben
- Entgegenkommen, damit hat der andere das Gefühl, ebenfalls entgegenkommen zu müssen
- Ambiguitätstoleranz: Widersprüche bzw. Unterschiede und Uneindeutigkeiten aushalten können

Das Wissen über Verhandlungstypologien und -kompetenzen hilft Ihnen bei der Gestaltung, der Durchführung Ihrer eigenen Verhandlungen und Konfliktlösungsgespräche.

Es gibt eine Vielzahl an Methoden und Techniken, mit denen unterschiedliche Positionen vereinbart, Konflikte effizient und pragmatisch gelöst werden können. Nicht nur gelöst, sondern darüber hinaus z. B. in neue Prozesse, neue Projektzusammensetzungen, neue Ziele, neue Ideen, neue Teams transformiert werden können. Sehen Sie dazu beispielhaft den Abschnitt Conflict Resolution und Mediation Plus Prozess in diesem Buch.

Die Kenntnis der eigenen Persönlichkeit hilft also, um Verhandlungen erfolgreich zu führen. Wie das konkret gelingen kann, möchten wir im nachfolgenden Kapitel beschreiben. Wir konzentrieren uns dabei auf die besondere Verhandlungssituation eines Mediationsprozesses, weil wir denken, dass die Kenntnis darüber auch für Verhandelnde wichtig und hilfreich sein kann.

4.5 Quintessenz aus diesem Kapitel

- Jeder Verhandler sollte über sich selbst Bescheid wissen.
- Stellen Sie Überlegungen darüber an, mit welchem Verhandlungstyp Sie es zu tun haben könnten.
- Integrieren Sie dieses Wissen in Ihre individuelle Gesprächsstrategie.

4.6 Fragen der Selbstreflexion

Welche Informationen aus diesem Kapitel sind besonders interessant für meinen eigenen Alltag? Welcher Typ ist bei mir dominant? Welche Mischung der Typen ist vorhanden? Wie würde dies mein(e) Partner(in) sehen?

Wie werde ich von diesen Informationen für meine Gespräche profitieren und was konkret verspreche ich mir davon? Brauche ich vielleicht beispielsweise etwas mehr Bergführer-Eigenschaften?

Welche eigenen Erfahrungen habe ich bereits gemacht, die etwas vom Inhalt dieses Kapitels widerspiegeln?

4.7 Literatur

Billings-Yun, M.: Beyond Dealmaking – five steps tonegotiating profitable relationships, Verlag Wiley, 2010, www.beyond-dealmaking.com

Jung, C. G.: Psychologische Typen, Gesammelte Werke; Bd. 6, Olten u. a. 1971

Killing, Wolfgang: Trainings- und Bewegungslehre des Hochsprungs, Bundesinstitut für Sportwissenschaft, 2004, Band 09

Kruse, Peter: Erfolgreiches Management von Instabilität, 5. Auflage, Gabal Verlag, 2010, Offenbach, S. 21 ff.

Riemann, F.: Grundformen der Angst, Verlag: Reinhardt; 39. Auflage 2009

Kapitel 5: Spezielle Beziehung zwischen Führungskraft und Mitarbeiter

Die Qualität der Beziehungen zwischen Führungskräften und Mitarbeitern ist entscheidend für Führung und damit für Ergebnisse. Denn wann sind wir im Beruf motiviert? Wenn wir wissen, dass wir für unsere Leistung geschätzt werden. Nur die Leistung zu würdigen, ist zu wenig, denn dann wären wir ersetzbar. Und nur die Person zu würdigen, reicht ebenfalls nicht, denn dann müssten wir ja nichts leisten. Eine gute zwischenmenschliche Beziehung ist der beste Nährboden für dauerhafte Motivation. Denn erst, wenn wir wissen, dass wir für unsere Arbeit Anerkennung erhalten, strengen wir uns an.

In diesem Zusammenhang halten wir folgende Grundsätze für wichtig, die unser Kollege Petar Atanasov entwickelt hat (im Seminar, Dezember 2016):

- Hat eine Führungskraft unabhängig ihres Charakters und ihres Führungsstils die freiwillige Unterstützung ihrer Mitarbeiter, ist das ein Zeichen für wahre Führungsqualität. Freiwillige Unterstützung ist ganz leicht zu bekommen: Es reicht, einfach nur authentisch, glaubwürdig und ehrlich in der Beziehung zu jedem einzelnen Mitarbeiter zu sein. Der Erfolg gibt der Führungskraft dann immer Recht.
- Weise Führungskräfte bauen zu jedem einzelnen Mitarbeiter eine einzigartige Beziehung auf – auf Basis der grundlegenden Beziehungsmuster.

- Wird eine Führungskraft von ihren Mitarbeitern nur geduldet, so weist dieses auf Führungsversagen hin.

Woran erkennen Sie »gelingende« Beziehungen zwischen Führungskräften und Mitarbeitern?

Wenn es gelingt, dass Mitarbeiter ihre Führungskräfte freiwillig unterstützen, eben weil sie dies so wollen, dann geht man von einer hoch wirksamen Beziehungsform aus. Diese erkennt man unter anderem an folgenden Aspekten:

- Die Führungskraft signalisiert Bereitschaft, jederzeit jeden einzelnen Mitarbeiter in ihrem Team aktiv wahrzunehmen und entsprechend seinem Naturell zu behandeln.
- Die Führungskraft signalisiert, dass es ihr immer um Inhalte geht. Unabhängig von den inhaltlichen Erfolgen oder Misserfolgen bleibt die Beziehung davon unberührt.
- Die Führungskraft signalisiert ihren Mitarbeitern Vertrauen und Loyalität.
- Die Führungskraft signalisiert durch ihr Handeln persönliche Integrität, Autorität und Selbstvertrauen.
- Der Mitarbeiter signalisiert Selbstdisziplin und Leistungsbereitschaft unabhängig von alltäglichen Versäumnissen.
- Der Mitarbeiter signalisiert Zuversicht und ein hohes Maß an Selbstverpflichtung bei der Übernahme von Aufgaben.
- Der Mitarbeiter signalisiert den Willen zur Zusammenarbeit und zur Wahrung der Firmeninteressen.

Nicht immer sind alle Faktoren eines Verhandlungsfundaments gleich wichtig. Entscheiden Sie entsprechend Ihren Präferenzen, Strategien und Situationen, welches Gewicht Sie den einzelnen Faktoren beimessen wollen.

5.1 Quintessenz aus diesem Kapitel

- Die Beziehung zwischen Führungskraft und Mitarbeiter ist entscheidend für die Motivation des Mitarbeiters.
- Es ist Aufgabe der Führungskraft, diese Beziehung positiv zu gestalten.

5.2 Fragen der Selbstreflexion

Woran erkennt mein Mitarbeiter, dass ich ihn aktiv wahrnehme und ihn entsprechend seiner Fähigkeiten und seines Naturells behandle?

Wodurch kann mein Mitarbeiter sicher sein, dass ich ihm vertraue? Welche Beispiele fallen mir dafür ein?

Wie und wodurch inspiriere ich diesen Mitarbeiter, sein Bestes zu geben?

Was würde ich sagen, ist meinem Mitarbeiter wichtig in der Arbeitsbeziehung zu mir?

Kapitel 6: Konstruktive Konfliktlösung

Wenn Menschen mit unterschiedlichen Interessenslagen aufeinandertreffen, lassen sich Konflikte nicht ausschließen. Aber Konflikte sind nicht von vorneherein negativ, sie gehören zum Leben und bieten die Chance für neue, bessere Lösungen. Konfliktsituationen sollten möglichst rasch, aber trotzdem konstruktiv gelöst werden. Wie geht man nun mit Konflikten um und wie kommt man aus einer Konfliktsituation wieder heraus?

6.1 Unterschiedliche Perspektiven berücksichtigen

Menschen aus allen Kulturen und zu allen Zeiten streben nach Glück und Zufriedenheit (siehe Z = Zeitachse Zufriedenheit). Zu irgendeinem Zeitpunkt bemerkt der Mensch, dass ein Unterschied zwischen IST und SOLL in Bezug auf sein individuelles Zufriedenheitsgefühl besteht. Zeit verstreicht, der Mensch handelt vorerst noch nicht, so lange, bis aus dem leichten Unzufriedenheitsgefühl ein konkretes Problem entstanden ist (siehe P). Je intensiver/belastender das Problem empfunden wird, desto weniger gelingt die objektive Wahrnehmung und Erfassung des Problems. Der Mensch will so schnell wie möglich wieder zurück zu seinem individuellen Zufriedenheitspunkt (-gefühl), siehe Punkt Z, und gerät in Gefahr, durch Schnellschüsse und »Panikmanagement« Handlungen zu setzen, die nicht individuell logisch und folgerichtig durchdacht

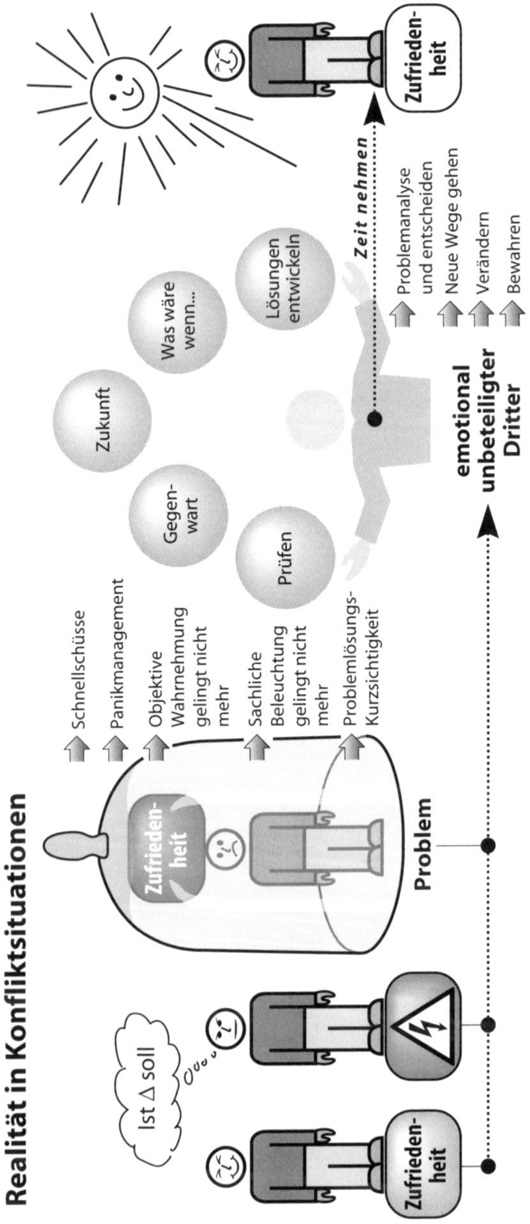

Bild 6.1 Individuelle Konfliktrealität

und überlegt sind. Manchmal führen diese Schnellschüsse zum Erfolg. Oft nicht. Der Grund dafür ist die zunehmend eingeschränkte Wahrnehmungsfähigkeit, die der Mensch in kritischen Situationen nach und nach verliert. Er ist schlicht nicht mehr in der Lage, das Problem, die Situation objektiv und sachlich zu beleuchten und daraus Lösungsmöglichkeiten zu entwickeln. Mehr und mehr verliert der Mensch die Fähigkeit, komplexe Zusammenhänge zu begreifen, längere Zeiträume zu überblicken und wird, so beschreibt es Friedrich Glasl, Konfliktforscher, »kognitiv kurzsichtig« (Ballreich, F. Glasl 2007).

Was hilft?

Wenn sich der Betroffene dazu entscheidet, sich mit einer unbeteiligten Person seines Vertrauens über das Problem auszutauschen. Dies eröffnet meist einen wesentlich weiteren Blickwinkel. Nun gelingt es leichter, mit einer distanzierten Haltung über Lösungsansätze nachzudenken, die in der Gegenwart und in der Zukunft dauerhaft das Problem lösen können. Hält der Mensch dann eine Lösungsidee für geeignet, entscheidet er sich für eine oder mehrere, setzt diese um und überprüft zugleich, ob sich das erwünschte Zufriedenheitsgefühl mit der Umsetzung einstellt. Parallel dazu verläuft (manchmal unbewusst) ein individueller Entscheidungsprozess.

Wie kann ein individueller Entscheidungsprozess allgemein beschrieben werden?

Entscheidungen treffen, bedeutet Verantwortung übernehmen. Der Mensch entscheidet sich in unserer Beschreibung zumindest zwischen den Polen Bewahren und Verändern. Oder nur für das eine oder nur für das andere. Oder er entscheidet sich für beides, also dafür, beide Pole zu integrieren, indem er Bewährtes bewahrt und Nichtbewährtes verändert. Oder er entscheidet sich weder für das eine, noch für das andere, für nichts von beidem und beschreitet ganz neue Wege (Kibed, M., Sparrer 2016).

Eine Entscheidung, damit sie Wirksamkeit entfaltet, braucht

korrelierende Handlungen. Deshalb entwickelt der Mensch kreative Problemlösungsideen und entscheidet dann, welche davon für ihn sehr gut, gut, neutral sind oder abgelehnt werden. Der Mensch entscheidet mit dem Verstand oder mit dem Herz. Oder mit beidem. Daraus entsteht die Umsetzungsenergie und der bewusste Entscheidungsprozess startet, der in der Regel folgende Schritte umfasst:

- Identifizierung des Problem
- Konkretisierung des Problems
- Suche nach Lösungsmöglichkeiten
- Festlegung von Grenzen
- Risikoanalyse
- Entschluss
- Umsetzung
- Follow Through

In groben Zügen, analog zu den beschriebenen Entscheidungsschritten, verläuft in der Regel auch eine Mediation. Damit beschäftigt sich der nachfolgende Abschnitt.

6.2 In sechs Schritten Konflikte lösen

Besteht ein Konflikt, der sich nicht auf Anhieb von den Beteiligten lösen lässt, ist der Einsatz eines Mediators zu empfehlen. Ein unabhängiger Dritter bringt eine weitere Sichtweise mit ein, kann überbrücken oder als Puffer dienen.

Wenn sich zwei oder mehrere Personen oder Gruppen, die miteinander in Konflikten stehen, dazu entscheiden, Mediation als eine der Konfliktlösungsstrategien für ihre Problemstellung zu nutzen, dann beginnt ein kreativer Prozess, zu dem alle Beteiligten beitragen. Wir konnten in unserer Praxis des Öfteren beobachten, dass der Prozess an sich manchmal wirkungsvoller und wichtiger war, als das dann erzielte Ergebnis.

Eine Mediation (wie auch eine Verhandlung) gliedert sich in mehrere Schritte, ähnlich einer Reise, die mehrere Etappen beinhaltet. Jede Etappe ist wichtig und Grundlage für die nachfolgenden Schritte. Abkürzungen sind nicht zu empfehlen, weil dann Wesentliches fehlt, das für das Finden einer von allen akzeptierten Lösung Voraussetzung ist.

Die einzelnen Prozessschritte einer Mediation werden nachfolgend im Überblick dargestellt und anhand einer Reisemetapher veranschaulicht. Die Schritte gliedern sich üblicherweise wie in Bild 6.2 gezeigt.

Am Anfang der Konfliktlösungsreise geht es darum, sich als Konfliktvermittler ein Bild davon zu machen, welches Land

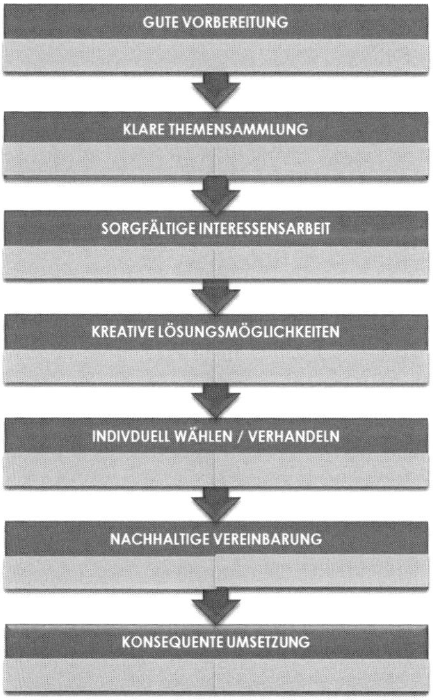

Bild 6.2 Schritte einer Mediation

überhaupt bereist werden soll. Üblicherweise wird mit den beteiligten Parteien vorab einzeln gesprochen. Vertrauen in den Prozess und auch in die Person des Vermittlers soll wachsen können. Ein kooperativer Gesprächsstil wird aktiv unterstützt und für die Reisenden erlebbar gemacht, Termine, Räumlichkeiten etc. werden geklärt.

Geeignete Fragen (abhängig von der individuellen Situation)

- Was ist aus Ihrer Sicht passiert, dass Sie sich entschlossen haben, an einer Konfliktklärungssitzung teilzunehmen?
- Worum geht es aus Ihrer Sicht?

Klare Themensammlung

Jetzt geht es darum zu sammeln, welche Regionen in diesem Land besichtigt werden sollen. Alle Themen, die den Beteiligten wichtig sind, werden festgehalten. Es geht um das für alle Beteiligten sichtbare Aufschreiben der zentralen Themen, die geklärt werden sollen, nicht um die Klärung an sich.

Geeignete Fragen (abhängig von der individuellen Situation)

- Wer, wie, was, wo, wie lange, worum geht's?
- Welches Thema ist Ihnen wichtig, das Sie anschließend vertieft diskutieren wollen?

Sorgfältige Interessensarbeit

Die dritte Etappe ist das Herzstück der Mediatonsreise. Jetzt geht es darum, dass alle Beteiligten ihre Wünsche, Sorgen, Hoffnungen, Ängste, Bedürfnisse im geschützten Rahmen äußern können und wollen. Ein Beteiligter berichtet beispielsweise von seinen Sorgen, von seinem Ärger, einen bestimmten Sachverhalt betreffend. Einem zweiten Beteiligten sind ganz andere Punkte wichtig. Durch diesen Austausch entsteht Transparenz darüber, aus welchen Gründen einzelne Punkte den Beteiligten so wichtig sind. Damit geht auch wechselseitiges Verstehen einher. Der Konfliktvermittler unterstützt gerade in dieser Phase alle Beteiligten bei der Formulierung, stellt sehr sorgfältig Fragen, motiviert zu sprechen und trägt mit höchster Aufmerksamkeit und mit großem Verantwortungsbewusstsein den Gesprächsprozess.

Geeignete Fragen (abhängig von der individuellen Situation)

- Was ist Ihnen daran so wichtig?
- Was bedeutet das für Sie?
- Was wollen Sie damit erreichen?
- Ist das außer für Sie noch für sonst jemanden wichtig?

Kreative Lösungsmöglichkeiten

Jetzt geht es in dieser Phase darum, so viele Ideen wie möglich zu finden, mit denen die unterschiedlichen Perspektiven zu einer möglichen Lösung vereint werden können, mit der alle Seiten ihre Wünsche erfüllt sehen. Idealerweise entstehen mehrere Ideen.

Geeignete Fragen (abhängig von der individuellen Situation)

- Welchen kleinen Schritt können Sie Ihrem Gesprächspartner entgegenkommen?
- Was wäre eine aus Ihrer Sicht geeignete Idee, wie Sie xyz für die Zukunft lösen könnten?
- Welche Ideen hätten andere Personen (z. B. die Vorgesetzten)?
- Wenn Sie einen Wunsch frei hätten, wie würde Ihr Vorschlag dann aussehen?
- Was wäre alles denkbar?

Individuell wählen/verhandeln

Alle Ideen werden im nächsten Schritt von allen Beteiligten geprüft und bewertet. Daraus ergibt sich dann ein Vorschlag, der von beiden Seiten unterstützt wird. Jetzt geht es darum, konkrete Schritte, Notwendigkeiten zu verhandeln, damit dann im Folgenden eine echte Einigung erzielt werden kann.

Die Gesprächspartner können jeden Punkt mit der GRASP-Methode verhandeln, bei der, wie wir schon beschrieben haben, Fairness bzw. die Vereinbarung von fairen Kriterien eine große Rolle spielt (siehe Kapitel »Das Verhandlungsfundament«).

Geeignete Fragen (abhängig von der individuellen Situation)

- Wie soll dieser Vorschlag ganz konkret aussehen?
- Wo liegen welche Verantwortlichkeiten?
- Wenn Sie diesen Part übernehmen, dann könnte ich …

Nachhaltige Vereinbarung

In dieser Phase treffen die Parteien dann auf Grundlage der vorangegangenen Entwicklung von Handlungsmöglichkeiten eine konkrete, verbindliche Vereinbarung. Alle »Voraus-Arbeiten«, wie sorgfältige Interessensarbeit, Berücksichtigung Faktor Fairness und kreative Ideensuche legen den sicheren Grundstein für diese Phase. So kann man davon ausgehen, dass eine Einigung zustande kommt, die über lange Zeit Bestand haben wird. Ein weiterer Grund für das Entstehen einer nachhaltigen Einigung ist, dass alle Beteiligten in die Suche/Gestaltung und Formulierung einer Lösung integriert waren und diese damit mitverantworten.

Rituale geben Sicherheit. In der Literatur wird beschrieben, dass ein Ritual am Ende der Mediation eine gewisse Wirksamkeit entfalten kann. Beispiele dafür sind ein Handschlag oder das gemeinsame »Wegwerfen« der Konfliktnotizen, die sich die Parteien gemacht haben.

Geeignete Fragen (abhängig von der individuellen Situation)

- Fehlt noch etwas?
- Wer oder was kann dabei noch zusätzlich unterstützen?
- Wann können Sie mit der Umsetzung beginnen?

Konsequente Umsetzung

Diese Phase wird oft sehr unterschätzt. Für Mediatoren aller Couleur endet eine Mediation oft mit der Unterschrift unter einer Vereinbarung. Die Beteiligten werden dann nicht weiter unterstützt. Oft wollen diese das auch gar nicht. Allerdings kann sich die fehlende Unterstützung sehr negativ auswirken. In unserer Praxis bieten wir daher immer auch eine Umsetzungsunterstützung an. Diese besteht darin, dass die Beteiligten ganz konkret eine Umsetzungsberatung in Anspruch nehmen können, wenn sie das wollen. Es werden Transformation Meetings vereinbart, konkrete Fragen beantwortet und Umsetzungsimpulse geliefert. Diese Dienstleistung dauert manchmal nur einen halben Tag, kann aber auch mehrere Monate umfassen. Das können Sie sich wie eine Art Reiseleitung vor Ort vorstellen, die manchmal konsultiert wird und manchmal nicht. Wir sehen dies als wichtige, unternehmerische Verantwortung. So begleiten wir unsere Kunden während des Mediationsprozesses und unterstützen darüber hinaus bei der Umsetzung der vereinbarten Punkte, wenn das gewünscht wird. Damit leisten wir einen zusätzlichen Beitrag zum konfliktkulturellen Wandel in Unternehmen, für die wir tätig sind.

Geeignete Fragen (abhängig von der individuellen Situation)

- Was ist Ihnen bei der Umsetzung bis jetzt schon gelungen?
- Welche weiteren Schritte planen Sie?
- Welche Meinung wird wohl Abteilung XY dazu haben?
- Welche Umsetzungsschritte, denken Sie, werden von den Mitarbeitern am meisten akzeptiert werden?

Hierzu gibt es ein sehr strukturiertes, hilfreiches »Umsetzungs-Unterstützungs-Schema«, das ursprünglich Doris Wilhelmer (2013) beschrieben hat und mit dem sie die Wichtigkeit der konsequenten Fokussierung auf eine mögliche Lösung betont. Es ist ein »Vierer-Schritt« mit dem:

- wertschätzend das Beste von dem, was ist, identifiziert wird (Erhebung),
- eine wünschenswerte Vision entwickelt wird von dem, was sein könnte/sollte (Entwicklung),
- Dialoge über künftige Möglichkeiten initiiert und unterstützt werden (Initiation) und
- Verantwortung für Führung von allen übernommen wird (Innovation).

Bild 6.3 zeigt für jeden Schritt passende Fragen.

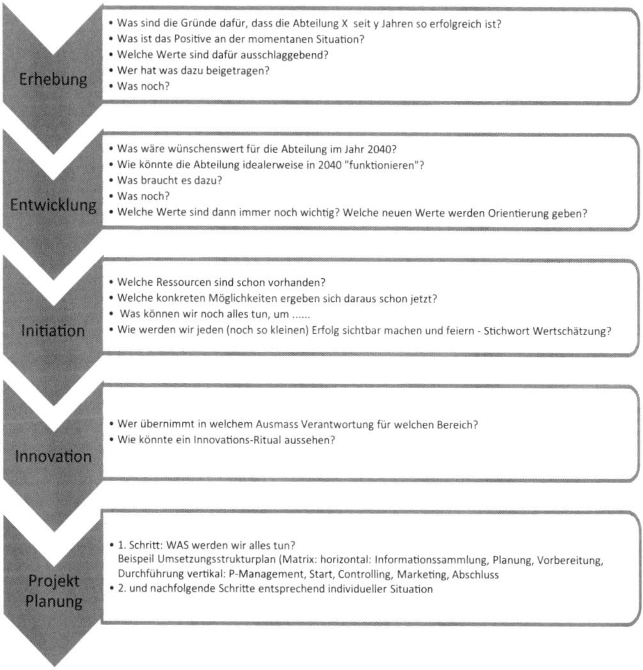

Bild 6.3 Umsetzung in vier Schritten

6.3 Quintessenz aus diesem Kapitel

Menschen werden durch Konflikte beeinträchtigt. Damit geht einher, dass Wahrnehmungsfähigkeiten beeinträchtigt werden, ebenso das Denken, Wollen und Fühlen. Die Vielfalt der normalerweise vorhandenen Verhaltensweisen reduziert sich mehr und mehr auf einige wenige stereotype, fixierte Verhaltensmuster. Häufig ist das den Betroffenen nicht bewusst (vgl. Glasl 2007).

Die Außenperspektive von dritten Personen kann in solchen Situationen »unüberlegte Schnellschuss-Handlungen« verhindern. Ein geeignetes Verfahren ist beispielsweise Mediation und zwar für Einzelpersonen, mehrere Streitparteien und Gruppen.

Eine vereinbarte Lösung ist noch lange nicht umgesetzt. Es bedarf einer besonderen Umsetzungsenergie, die durch Übernahme von Verantwortung und konsequenter Lösungsfokussierung entsteht bzw. »beflügelt« wird.

6.4 Fragen der Selbstreflexion

Welcher Inhalt aus diesem Kapitel hat mich besonders angesprochen?

____

____

____

____

____

Welche Schritte kann ich mir in sehr naher Zukunft für mich selbst vorstellen, um nicht in die »Schnellschuss-Handlungs-Falle« zu tappen?

Welche eigenen Erfahrungen habe ich bereits gemacht, die etwas vom Inhalt dieses Kapitels widerspiegeln?

6.5 Literatur

Ballreich, R., Glasl, F.: Mediation in Bewegung, Concadora Verlag, 2007, 1. Auflage, S. 46 ff.

Varga von Kibed, M., Sparrer, I.: Ganz im Gegenteil, 9. Auflage, Heidelberg, Carl-Auer Verlag, 2016

Wilhelmer, Doris: Arbeitsunterlage, LV18 »Systemisch-konstruktivistische Erfolgsmodelle« des Master-Universitätslehrgangs »Business & Project Mediation«, 2013

Kapitel 7: »Goldenes Wörterbuch« für Verhandler

7.1 Der Ton macht die Musik

Goldenes Wörterbuch für Verhandler

Manchmal wird in unseren Workshops gefragt, ob es eine eigene Verhandlungssprache gäbe, die man wie eine Fremdsprache erlernen könne. Gibt es Worte, Ausdrücke, Sätze, Phrasen, die den Verlauf einer Verhandlung im eigenen gewünschten Sinne beeinflussen? Gibt es vielleicht ein »goldenes Wörterbuch« für Verhandler?

Und wäre es nicht wundervoll, wenn man sich solcher »Zauber-Phrasen« nur bedienen müsste, um seine Ziele in Verhandlungen und schwierigen Gesprächen ganz einfach zu erreichen?

Denken Sie doch an sich selbst: Sie mögen Menschen, in deren Gegenwart Sie sich wohlfühlen. Es ist angenehmer und leichter, mit Menschen zu sprechen, zu verhandeln, zu interagieren, die Sie mögen und die ein echtes Interesse an Ihnen zeigen. Schon der deutsche Philosoph Arthur Schopenhauer sagte: »Wer klug ist, wird im Gespräch weniger an das denken, worüber er spricht, als an den, mit dem er spricht.« Wie könnte dem besser entsprochen werden, als damit zu beginnen, seinen Gesprächspartnern echtes Interesse und Wertschätzung entgegenzubringen. Die positive Sprache hilft dabei.

> Die positive Sprache ist eindeutig, klar, wertschätzend, wohlwollend, sie verleiht allen Gesprächsbeteiligten ein gutes Gefühl und beeinflusst – allein durch ihre Verwendung – Verhandlungsergebnisse bereits von Beginn an. ■

Melanie Billings-Yun beginnt jede E-Mail an mich mit einem positiv-wertschätzenden Satz wie z. B. *»Oh, Birgit, I am so proud of you! Your dynamism is an inspiration! I am very excited to see your book.«*

Das bewirkte im Laufe der Zeit, dass ich mich schon freue, wenn ich nur sehe, dass eine E-Mail von ihr in meinem Postfach ist, ganz unabhängig vom Inhalt der E-Mail (als wäre ich klassisch konditioniert worden).

Überlegen Sie, wie Sie sich dieses Phänomen bei Ihren Gesprächspartnern zu Nutze machen können.

Immer, wenn Sie mit guten Freunden Gespräche führen, unterhalten Sie sich automatisch wertschätzend. Meist ganz unbewusst, ohne darüber nachzudenken. Warum ist das so? Einfach deshalb, weil neben Vertrauen und Erfahrung auch etwas anderes und vor allem sehr Wichtiges da ist: eine positive, entgegenkommende Grundeinstellung.

Das Tolle daran ist: Das funktioniert auch, wenn man fremden Verhandlungspartnern gegenübertritt. Sie müssen sich –

übertrieben ausgedrückt – ja nicht gleich in die Arme fallen. Versuchen Sie, diese wertschätzende Sprache auch in Ihren Verhandlungen und in schwierigen Gesprächen anzuwenden. Sie werden sehr schnell sehen, dass Sie dadurch – wie von Zauberhand – eine feine Verbindung zu Ihrem Gesprächspartner herstellen. Damit errichten Sie ein solides Verhandlungsfundament und müssen nicht befürchten, auf einer Sanddüne zu sitzen, die beim geringsten Konflikt unter Ihnen »wegwandert«.

Peter Atanasov, Leiter des Stuttgarter ap Instituts für Wirtschaftspsychologie, sagte anlässlich eines Fachgesprächs (03.09.2012 in Stuttgart) Folgendes: *»Begrüßen Sie Ihren Gesprächspartner und gehen Sie auf ihn zu, so als ob Sie ihn schon lange kennen und sich in seiner Gegenwart sehr wohlfühlen würden.«* Damit setzen Sie gleich am Anfang des Gesprächs einen sogenannten somatischen Marker.

> Gleich am Anfang des Gesprächs einen somatischen Marker setzen.

Manchmal kann es schwierig sein, positive Formulierungen zu finden, besonders wenn es hoch hergeht und unterschiedliche Positionen diskutiert werden. In der Hitze des Gefechts sind wir emotional aufgewühlt (sozusagen mittendrin im »hormonellen Dunst«) und es gelingt nicht immer, sich genau dann an wirkungsvolle, achtsame Formulierungen zu erinnern und dem anderen gegenüber aufmerksam zu bleiben.

Deshalb haben wir für Sie das Goldene Wörterbuch für Verhandler zusammengestellt. Darin finden Sie einige Formulierungsvorschläge Beispiele und Beschreibungen von kurzen Verhandlungssequenzen, die Sie je nach Bedarf für Ihre eigenen Diskussionen, Auseinandersetzungen, Konferenzen, Meetings und dergleichen anpassen, verändern und nutzen können.

Denn manchmal kann es schon hilfreich sein, in einer hitzigen Verhandlungsatmosphäre auf solche Formulierungen zurückzugreifen, um wieder Sicherheit zu gewinnen.

→ *Beispiel*

Ein Hotel etwas außerhalb vom Zentrum in Key West bietet seinen Gästen einen kostenlosen Shuttle zwischen Hotel und Zentrum an. Im Bus gibt es nur zwanzig Sitzplätze und es empfiehlt sich, vorab zu reservieren. Der Bus war ausgebucht, als drei Personen ohne Reservierung mitfahren wollten. Da sagte der Busfahrer Folgendes zu ihnen: *»Hey, super, dass ihr hier seid. Leider sind alle Plätze reserviert, aber es sind ja nur noch ein paar Minuten bis 19:00 Uhr. Wenn die Gäste mit der Reservierung nicht auftauchen, dann sind diese Plätze eure und ich freue mich, euch downtown zu fahren.«* (Busfahrer in Key West am 08.01.2012)

Haben Sie schon einmal einen europäischen Busfahrer erlebt, der so gästeorientiert spricht?

7.2 Techniken, die Sie nutzen sollten

Wirkungsvoll fragen

Beschäftigen Sie sich zuerst mit den Fragen, denn nur wenn Sie so viel wie nur irgendwie möglich darüber wissen, was Ihren Verhandlungspartner bewegt, was ihm wichtig ist bzw. wie er tickt, werden Sie Wege finden können, ihn davon zu überzeugen, lieber mit Ihnen Geschäfte zu machen als mit Ihrem Wettbewerber.

Es gibt keine »Zauberfragen«, die immer einsetzbar sind. Aber die richtige Frage zum richtigen Zeitpunkt in der richtigen Tonlage zu stellen, das ist eine Kunst, die Sie erlernen können. Es ist gar nicht so schwierig, wie es vielleicht scheint. Wissen verbessert die eigene Position. Zum Thema Fragen gibt es meterweise volle Bücherregale, die sich mit diesem Thema beschäftigen. Einige davon sind unter dem Punkt weiterführende Literatur am Ende des Buchs aufgelistet. Im vorangegangenen Kapitel haben wir schon beispielhaft einen Mediationsprozess beschrieben und einige aus unserer Sicht gute Fragen zu den einzelnen Etappen angeführt. Damit wissen Sie schon, wann welche Fragen üblicherweise sinnvoll eingesetzt werden und welche Wirkung sie entfalten können. Dies soll Ihnen als Impuls, besser als eine Art Vorlage dienen. Wir empfehlen, diese jedoch nicht eins zu eins zu übernehmen, sondern jeweils individuell für Ihre eigenen Zwecke anzupassen. Das kann hilfreich für Sie sein, wenn Sie selbst einmal nicht als aktive Partei in einer Verhandlung sitzen, sondern wenn es darauf ankommt, dass Sie zwischen Parteien vermitteln. Eine gute Idee ist, viele Aussagen durch Fragen zu ersetzen. Mit klugen (systemischen) Fragen laden Sie zum Nachdenken ein, fördern beim Gegenüber einen Perspektivenwechsel, ermöglichen den Blick durch die Zukunftsbrille und auch das bessere Verstehen der gesamten Situation. Eine gute Frage ist die stärkste Intervention in einem Mediationsprozess.

→ *Beispiel*

Eine große Firma hatte einen neuen CEO eingestellt, der vor allem die Faulpelze und Drückeberger entlassen sollte. Auf einer Tour durch die einzelnen Gebäude bemerkte der CEO einen jungen Mann, der lässig an einer Wand lehnte und augenscheinlich nichts tat. Der Raum war voll von Mitarbeitern und so wollte der CEO gleich ein Exempel statuieren und zeigen, dass es ihm ernst war.

Er ging auf den jungen Mann zu und fragte ihn: »Wie viel verdienen Sie pro Woche?« Ein bisschen überrascht antwortete der junge Mann: »400 Euro pro Woche. Warum?« Der CEO zückte sein Scheckbuch und bellte ihn an: »Hier sind 1600

Euro in bar. Ein Monatslohn. Gehen Sie und kommen Sie nie wieder.«

Der CEO fühlte sich gut, schaute Beifall heischend in die Runde und fragte: »Kann mir irgendjemand sagen, was dieser Faulpelz hier getan hat?« Für einen Moment herrschte Stille. Dann nahm einer der Arbeiter seinen Mut zusammen und sagte: »Das war der Pizzabote vom Bella Italia.«

(Levin 2009)

Stellen Sie Fragen, bevor Sie entscheiden.

Drei wirkungsvolle Fragen erfüllen bestens ihren Zweck in Konfliktklärungsgesprächen, Verhandlungen. Mit diesen Fragen hat man immer eine gute Karte in der Hand:

- Was ist Ihnen so wichtig daran?
- Was bedeutet das für Sie?
- Was wollen Sie damit sicherstellen?

Egal, in welchem Kontext: ob in Seminaren, Coachings, bei Teammoderationen oder Konfliktvermittlungsgesprächen: Diese drei Fragen, zum richtigen Zeitpunkt gestellt, haben uns die erste Tür zu den Herzen der allermeisten Gesprächspartner geöffnet. Probieren Sie es aus. Sie werden verblüfft sein, genauso wie eine Führungskraft in einem Mitarbeiter-Feedbackgespräch mit einem seiner Key Account Manager:

KAM *Ich kann die Verantwortung für dieses Projekt nicht mehr länger übernehmen.*

FK *Sie sind »mein bestes Pferd im Stall«. Genau deshalb habe ich ja Ihnen die Projektleitung übertragen. Wie kommt es, dass Sie jetzt, nach sechs Monaten, das Handtuch werfen wollen?*

KAM *Ich bin dafür verantwortlich, dass der Kunde zufrieden ist* (Anm.: Es handelt sich um ein im DAX gelistetes Unternehmen)! *Richtig? Dann müssen mir auch die entsprechenden Mittel hierfür gegeben werden. Und die habe ich hier nicht!*

FK *Was meinen Sie denn konkret?*

KAM *Ich brauche direkten Zugriff auf die Mitarbeiter in der Medizinabteilung.*

FK *Wieso? Was genau ist daran so wichtig?*

KAM [etwas verdutzt] *Mir ist wichtig, dass in erster Linie der Kunde rechtzeitig, das heißt zu dem Termin, den ich ihm zugesagt habe, seine Analysen und Berichte bekommt. Wenn das nicht geschieht, stockt das ganze Projekt und zwar durch unsere eigene Schuld.*

FK *Was heißt das für Sie?*

KAM *Ich verliere vor dem Kunden meine Glaubwürdigkeit, wenn unsere Firma immer wieder zugesagte Termine nicht einhält. Irgendwann – und dieser Zeitpunkt ist nicht mehr allzu weit entfernt, das hat man mir bereits deutlich signalisiert – werden sie sich einen zuverlässigeren Lieferanten suchen. Und damit verliert nicht nur die Firma Umsatz. Für mich persönlich würde das heißen, dass meine variable Vergütung plötzlich um 35 Prozent reduziert wird.*

FK *Das verstehe ich. Lassen Sie uns jetzt überlegen, wie wir gemeinsam – auch mit dem Leiter der Medizinabteilung – sicherstellen können, dass ab jetzt die Einhaltung der Termine oberste Priorität erhält.*

KAM *Das klingt gut. Dann muss ich ja nicht nach Canossa gehen und mich für die Verzögerung entschuldigen.*

Wirkungsvolle Fragen

- Was genau ist Ihnen so wichtig an diesem Punkt?
- Wie könnte aus Ihrer Sicht eine erfolgreiche Vorgehensweise hierzu aussehen?
- Wer – denken Sie – sollte diese Idee am besten umsetzen?
- Wie können wir die Zukunft im Bereich XXX gemeinsam gestalten?
- Was genau wollen Sie erreichen?
- Was ist Ihr Ziel für dieses Gespräch?
- Was verstehen Sie darunter?
- Welche Kriterien müsste eine für Sie perfekte Lösung erfüllen?
- Wie würden Sie diese Situation beschreiben?
- Mit welchen Auswirkungen müssen wir rechnen, wenn wir xy innerhalb der nächsten zwei Monate umsetzen?
- Welche Informationen benötigen Sie zusätzlich, damit Sie sicher und mit einem guten Gefühl eine Entscheidung für xy treffen können?
- Wie schön, dass wir für die Punkte A+B schon so schnell eine tragfähige Lösung finden konnten. Mit Ihnen zu verhandeln, ist ein Vergnügen für mich. Sind Sie damit einverstanden, wenn wir jetzt noch einmal Punkt C besprechen?
- Haben Sie schon darüber nachgedacht, wie wir dies logistisch umsetzen können?
- Haben Sie bedacht, dass …?
- Wer könnte noch positiv dazu beitragen …?
- Ist es das, was Sie sich erhofft haben?
- Gibt es etwas, das Sie noch hinzufügen möchten?
- Was konkret meinen Sie?
- »Sind Sie (wir) jetzt vom Kurs abgekommen und rasen geradewegs auf diesen Eisberg zu?«

(Duss-von-Werdt 2005, S. 223)

- Darf ich Ihnen eine hypothetische Frage stellen?
- Darf ich Sie auf eine Alternative hinweisen?
- Ist das die richtige Zusammenfassung Ihrer Interessen?
- Sind Sie damit einverstanden, dass wir diesen Punkt genauer beleuchten, damit wir verstehen, was der Kern des Problems ist?
- Wie kann ich Sie unterstützen, damit Sie den Weg, auf den wir uns jetzt geeinigt haben, bei Ihnen im Haus am besten präsentieren können?
- Ist das wirklich Ihr letztes Wort oder sehen Sie noch eine Möglichkeit, wie wir doch noch zueinander finden können?
- Sind Sie sich ganz sicher, dass ...?
- Welche Kriterien müsste eine Lösung aufweisen, damit Sie sagen: »Genau diese!«?

(Radatz 2008)

Wertschätzend formulieren

Jennifer Chatman von der Universität Berkeley in Kalifornien hat in mehreren Experimenten versucht herauszufinden, ab welchem Punkt sich ehrliche Wertschätzung in Schmeichelei verwandeln könnte und ineffektiv wird. Ihr Fazit dazu: Es gibt keinen solchen Punkt.

Wertschätzende Formulierungen

Ich sehe, Sie haben bereits sehr viel Zeit in Ihre Arbeit mit der Sammlung von Hintergrundinformationen gesteckt. Vielen Dank. Das ist sehr wertvoll für unser Gespräch.

Wenn wir dies zusätzlich aus einer anderen Perspektive betrachten, dann ...

In den meisten Punkten stimme ich Ihnen zu. Ist es möglich, dass Sie mir Ihre Bedenken zu Punkt 23 noch einmal erklären. Vielleicht finden wir dann gemeinsam einen Weg, den wir beide gehen können.

Ich verstehe Ihre Bedenken. Es ist nicht immer leicht, …

Sie sind der Experte auf diesem Fachgebiet. Ihre Meinung ist für uns besonders wertvoll. Würden Sie …

Sie haben in Ihrer Karriere schon so viel erreicht. Das beeindruckt mich sehr. Wie sehen Sie …

Ja, einverstanden. Das ist ein überaus interessanter Gedanke, den Sie da formulieren. Er veranlasst mich dazu, xy von einer neuen Seite zu betrachten.

Ich bin nicht sicher, ob ich diesen Punkt vollkommen richtig verstanden habe. Würden Sie diesen bitte noch spezifizieren?

Aus unserer Sicht scheint es möglich zu sein, diese bereits sehr gute Lösung noch zu optimieren. Dürfen wir Ihnen vorstellen …

Dieser Preis erscheint mir ein wenig zu hoch. Ich bin mir nicht sicher, ob ich so viel für diese Dienstleistung bezahlen möchte.

Korrigieren Sie mich, wenn ich falsch liege, …

Darf ich einen Vorschlag machen?

Wenn Sie für einen Moment an meiner Stelle wären, dann …

Wenn ich mich in Sie hineinversetze, so kann ich Ihren Standpunkt verstehen, jedoch …

Ich glaube, dass wir das Gleiche erreichen wollen.

Es war mir ein Vergnügen, mit einem so fairen Gesprächspartner zu verhandeln.

Ich freue mich auf unsere Zusammenarbeit.

Mir ist wichtig, zuvor noch ein Gespräch mit Herrn XY zu führen. Erst dann entscheide ich, ob ich den Auftrag überhaupt annehme.

Ihre Frage lässt mich den Sachverhalt noch aus einem anderen Blickwinkel betrachten.

Könnten Sie zu diesem Punkt ein wenig präziser werden?

Ich stimme Ihnen im Großen und Ganzen zu, nur der Punkt A ist mir noch nicht ganz klar.

Gut, dass Sie das fragen.

Was wäre, wenn wir das ganze Projekt anders aufteilen würden?

Ich fürchte, da gibt es ein kleines Missverständnis. Meinen Sie, dass ...

Mit dem Inhalt bin ich vollkommen einverstanden. Gut, dass Sie noch XY erwähnt haben, jedoch mache ich mir Sorgen, dass ...

■

Framing bewusst einsetzen

Framing ist die Fähigkeit, einen Sachverhalt durch Betonung und Akzentuierung unterschiedlich darzustellen. Daniel Kahnemann, Träger des Wirtschaftsnobelpreises 2002, hat den Begriff Framing geprägt, als er mit seinem Kollegen Amos Tversky zwei Optionen einer Seuchenbekämpfungsstrategie (1981) vorstellte:

- Mit dieser Behandlungsmethode können 200 von 600 Personen gerettet werden.
- Mit der zweiten Behandlungsmethode werden 400 von 600 Personen sterben.

72 Prozent der Experimentteilnehmer haben sich für die erste Option entschieden (dabei sind beide Behandlungsmethoden gleich gut).

→ *Beispiel*
Fünf Gesellschafter haben ein ganzes Jahr lang überlegt und diskutiert, ob das vorhandene Hotel großzügig umgebaut und renoviert oder ob ein kompletter Neubau in Auftrag gegeben werden soll. Der Unterschied hinsichtlich Kosten und Bauzeit war marginal und die externen, emotional nicht involvierten Berater waren sich einig, dass ein Neubau vorteilhafter wäre als ein Umbau, bei welchem die Risiken nicht genau abschätzbar sind. Trotzdem hat sich die Mehrheit der fünf Gesellschafter für einen Umbau entschieden, da folgende Frage gestellt wurde:

»Wenn wir 4 Mio. Euro für einen Neubau ausgeben, dann kann das im schlimmsten Fall bedeuten, dass wir alle unsere Heimat verlieren, richtig?«

Das gleiche Risiko (nämlich das der Insolvenz) besteht auch bei einem Investitionsvolumen von 3,4 Mio. Euro – nur mit dem kleinen Unterschied, dass den Entscheidern das Risiko geringer erscheint, obwohl es gar nicht geringer ist.

Scheitern heißt scheitern, ob mit 4 oder mit 3,4 Mio. Euro. Hier greift der Framing-Effekt, der Menschen veranlasst, sich lieber für das geringere Risiko zu entscheiden. Ein Verlust in Höhe von 4 Mio. wird stärker vermieden als ein Verlust in Höhe von 3,4 Mio. – obwohl beide Szenarien in unserem Fall zur Insolvenz führen würden.

Stellen Sie sich vor, Sie befänden sich an einem wunderschönen Tiroler Gebirgssee und ein Einheimischer sagt Folgendes zu Ihnen:

- 95 Prozent aller Menschen, die in diesem See baden, empfinden das Wasser als wohltuend und gesund.
- 5 Prozent aller Menschen, die in diesem See baden, bekommen Hautausschlag, weil sie in Berührung mit den Entenfedern kommen, die auf dem Wasser schwimmen.

Überlegen Sie selbst, welche Aussage Sie (mehr) zum Schwimmen motivieren würde.

Kommunikative Torpedos vermeiden

Ein kommunikativer Torpedo entsteht meist dann, wenn sich Verhandler in einer besonders überlegenen Position befinden und zusätzlich nicht einmal ein Minimum an notwendigem Feingefühl besitzen. ODER wenn sich ein Verhandler dermaßen unter Druck gesetzt fühlt, dass er die Fähigkeit zu dissoziieren bzw. sich selbst zu kontrollieren verliert und sich mit einem verbalen Rundumschlag zu »befreien« versucht.

Manche Verhandlungstypen neigen eher dazu und manche nicht. Rufen Sie sich immer wieder in Erinnerung – getreu der GRASP-Methode: Nicht das Siegen ist wichtig, sondern ein gutes Ergebnis.

Auswahl von kommunikativen Torpedos

Keine Chance, dass wir das akzeptieren.

Ich habe keine Zeit, lange darüber zu verhandeln. Wollen Sie oder wollen Sie nicht?

Für mich kommt nur eine Zahl zwischen x und y in Frage.

Wir beharren auf unseren allgemeinen Geschäftsbedingungen und können Ihnen da nicht entgegenkommen.

Das hat unser Management festgelegt. Wir können nichts daran ändern.

Wenn Sie nicht entscheiden können, dann sollte ich wohl lieber mit Ihrem Vorgesetzten sprechen.

Die deutsche (oder auch jede andere Nation) Delegation sieht das anders.

Wir werden hier nicht nachgeben. Dann streiken Sie eben.

Wenn Ihnen xx (z. B. Arbeitsplätze) nicht wichtig sind, dann machen Sie nur so weiter ...

Wenn Sie glauben, dass ich darauf hereinfalle, dann haben Sie sich getäuscht.

Das ist mein Angebot. Ich werde keinen Cent mehr bezahlen. Take it oder leave it.

Wenn Sie mir keine Gehaltserhöhung zugestehen, dann kündige ich eben.

Ihr Budget interessiert mich nicht.

Das einzige, was für mich wichtig ist, ist der Preis.

Wenn Sie nicht bis zum xxx liefern können, platzt der Deal.

Metro-Kunde am Kundenschalter: Leider habe ich meinen Metro-Ausweis verlegt. Antwort (harscher Ton): Da drüben können Sie sich einen neuen machen lassen. [erboster Ton] Wie können Sie es wagen, in diesem Ton mit mir zu sprechen. ■

Entspannt verhandeln

Jeder Verhandler hat Gesprächspartner, die für ihn besonders wichtig sind, bei denen ein Scheitern der Verhandlung unabsehbare Folgen haben könnte. Zum Beispiel, wenn es um Kunden geht, bei denen Sie es sich nicht leisten können, diese zu verlieren. Gespräche, deren positiver Ausgang förmlich als »lebensnotwendig« erscheint, erzeugen einen großen inneren Druck und bewirken häufig ein Gefühl der Angst – Angst zu versagen und seine Ziele nicht zu erreichen.

Angst ist jedoch ein schlechter Ratgeber, wenn es darum geht, flexibel in einer ungewohnten Situation zu reagieren. Unter akutem Stress sind wir meist nur noch in der Lage, ein konkretes, vorher gut eingeübtes Programm abzuspulen: Fight, flight or freeze! Tu was, hau ab oder stell dich tot! Doch mit kühlem Kopf in einer Angstsituation verschiedene Positionen abzuwägen oder gar einen neuen Ausweg zu finden, das gelingt dann nicht mehr.

Ein Grund dafür liegt in der Art, wie unser Gehirn in einer solchen Stresssituation reagiert: Es schüttet bestimmte Botenstoffe aus, sogenannte Neuromodulatoren, die unser Denken fokussierter und konzentrierter, anders gesagt: engstirniger werden lassen (Hermans u. a. 2014). Solche Neuromodulatoren (wie Noradrenalin oder Dopamin) verändern nicht, was wir denken, sondern wie wir es tun. Im Falle einer akuten Stresssituation sorgen sie dann für einen Tunnelblick – kreatives Denken ist dann nicht mehr möglich.

Ich (Birgit Hauser) habe so eine gefühlt schlimme Situation selbst erlebt. Als noch recht unerfahrene Rednerin wurde ich eingeladen, die GRASP-Verhandlungsmethode vor 150 Unternehmern vorzustellen. Professionelle Vorbereitung, Stichwortkarten – an alles hatte ich gedacht. Ein wenig Nervosität gehört ja dazu. Doch dann geschah das Furchtbare, das Unvorhergesehene und ich wäre am liebsten im Erdboden versunken. Das Kopfmikrofon war ausgefallen, so musste ich ein Handmikrofon benützen. Panikfragen rasten durch mein Hirn: Wohin mit den Stichwortkarten? Wie die Präsentation umblättern? Was soll ich tun, wenn mir nichts mehr einfällt?

Solche Situationen lassen sich bewältigen, indem man sich gut darauf vorbereitet. *Wie gelingt das?* Trainieren, trainieren, trainieren. Wir fahren ja auch nicht als Skianfänger die schwarze Piste hinunter oder erreichen in Nullkommanichts Handicap 5 beim Golf. Durch permanentes Training gewinnen Sie Vertrauen in Ihre Fähigkeiten und Sie sammeln immer mehr Erfolgserlebnisse. Das Gefühl, das Sie dabei empfinden, wird in Ihrem Langzeitgedächtnis abgespeichert.

Viele professionelle Ausnahmekönner, die in einer konkreten Situation auf den Punkt genau ihre Leistung bringen müssen (nicht nur Verhandler, sondern auch Musiker, Ärzte, Sportler oder Vortragende) nutzen dafür sogenanntes Prognosetraining. Man simuliert dabei während des Trainings nicht nur die eigene Leistung, sondern zusätzlich auch die konkrete Stresssituation. Zum Beispiel, indem man als Sportler nur einen Versuch hat, die gesetzte Zielzeit zu erreichen. Oder als Vortragender nur einen Versuch, den Vortrag fehlerfrei aufzusagen. Oder in einem Gespräch nur einen Versuch, seinen Sparringspartner von seiner Position zu überzeugen. Denn wenn man sich im Vorfeld mit der Stresssituation befasst, verliert sie ihren Schrecken. Es kommt zu dem, was man in der Wissenschaft »Re-Framing«, gewissermaßen die Umdeutung nennt. Stress wird plötzlich als das empfunden, was er eigentlich ist: ein Konzentrationsbeschleuniger, der uns zu mehr Leistung verhelfen kann, wenn man ihn beherrscht und dosiert einsetzen kann.

Sollten Sie in der nächsten Zeit mit Kunden verhandeln müssen, bei denen es für Sie »um alles« geht, dann spielen Sie vorher im Geiste die Verhandlungssituation durch. Schwierige Passagen können Sie auch mit einem Gegenüber vorher trainieren. Und in der konkreten Verhandlungssituation können Sie folgende rhetorischen Geheimwaffen nutzen, die wir von unserer Kollegin Myra Golden (2017) für Sie übersetzt haben:

Wir haben unterschiedliche Ansichten hierzu. Ich werde mich mehr mit Ihrem Standpunkt beschäftigen. Es ist hilfreich für mich zu verstehen, wie Sie diese Dinge sehen. In der Zwischenzeit kann ich … tun, um das akute Problem zu lösen.

Kommentar: Durch wertschätzende Formulierungen würdigen Sie Ihr Gegenüber und erreichen dadurch zweierlei: Sie zeigen ihm, dass Sie sich in seine Lage versetzen und fair mit ihm umgehen wollen. Zum anderen gewinnen Sie Zeit. Wenn Sie selbst nicht mehr weiterwissen oder unter Druck sind, fragen Sie Ihr Gegenüber und bitten Sie um Konkretisierung seiner Argumente. Das verschafft Ihnen »Luft«.

Es ist unsere Firmenphilosophie, nicht für Reklamationen, die auf unsachgemäßer Bedienung unserer Produkte beruhen, zu bezahlen. Wir können das nicht machen, weil wir eine Verantwortung der Firma gegenüber haben, die die Seriosität unserer Produkte schützt. Wenn also ein Produkt so wie erwartet funktioniert und keine Mängel aufweist, können wir keine finanzielle Erstattung anbieten.

Kommentar: Mit dieser Formulierung sind Sie sehr klar in Ihrer Aussage und verpacken eine Ablehnung in nachvollziehbare Argumente (weil wirkt Wunder). Dadurch kann meist ein Nein von Gesprächspartnern leichter akzeptiert werden.

Ich habe verstanden, dass Sie 500 Euro Schadenersatz wünschen. Bitte sagen Sie mir, wie Sie zu dieser Summe kommen?

Kommentar: Immer wieder wird in Gesprächen die sogenannte Ankertechnik verwendet, bei der einer der Gesprächspartner eine sehr hohe oder sehr niedrige erste Zahl/Lieferzeit/Preis nennt. So eine Konkretisierungsfrage ist ideal, wenn es darum geht, sich gegen überhöhte Forderungen zu schützen.

hört sich ein bisschen hoch an.

Kommentar: Egal, welchen Betrag Ihr Gesprächspartner nennt, sprechen Sie nur diese sieben Wörter aus und dann schweigen Sie. Die meisten Menschen fühlen sich unwohl, wenn Sie nichts mehr sagen. Das wird Ihren Gesprächspartner dazu bewegen zu antworten. Entweder wird er etwas vorschlagen, das weniger kostet, oder er wird versuchen, seine Forderung zu begründen.

Ich bin bereit zu, weil ...

Das ist fair und angemessen, weil ...

Bitte akzeptieren Sie diesen Gutschein mit 10 Prozent Rabatt für Ihren nächsten Einkauf als konkrete Entschuldigung.

Ich verstehe Ihr Anliegen. Was denken Sie, wäre fair?

Auch wenn Sie mit meiner Entscheidung nicht einverstanden sind, würde ich Ihnen gerne sagen, wie ich dazu gekommen bin. So können Sie diese – wenn schon nicht akzeptieren – zumindest verstehen.

Kommentar: Das sind klassische Formulierungen, mit denen Sie zeigen, dass Ihnen der Gesprächspartner wichtig ist, auch wenn in der Sache (diesmal) keine Einigung erzielt werden kann.

Am Telefon: *Lassen Sie mich diesen Sachverhalt überprüfen und Sie dann zurückrufen. Ich melde mich spätestens morgen Nachmittag mit einer Antwort.*

Kommentar: Eine hervorragende Formulierung, mit der Sie Beschwerden/Einwände entgegennehmen können und nicht sofort inhaltlich reagieren müssen. Damit gewinnen Sie Zeit, um über eine adäquate Weise nachzudenken, wie Sie mit dem Anrufer umgehen wollen.

Wir haben sehr lange darüber nachgedacht und es ist das beste Angebot, das wir unterbreiten können. Alles darüber hinaus macht das Geschäft für uns nicht mehr wertvoll.

Kommentar: Die Formulierung »Wir haben lange darüber nachgedacht …« ist besonders wirkungsvoll, weil Sie Ihrem Gegenüber zeigt, dass Sie sehr sorgfältig abwägen, bevor Sie ein Nein formulieren. Die meisten Menschen schätzen dies.

Herr Meier, wir wollen dieser Sache genauso wie Sie auf den Grund gehen.

Kommentar: Sie stellen Gemeinsamkeit her, zeigen, dass Sie, wenn auch vielleicht aus unterschiedlichen Blickrichtungen – so doch gemeinsam auf einen Sachverhalt schauen und Lösungen finden wollen.

Charme als Strategie

»Charme ist ein Mittel, ein ›Ja‹ zu erhalten, ohne präzise eine Frage danach gestellt zu haben.« (Albert Camus)

Das leuchtet uns ein. Menschen mögen eben Menschen, in deren Gegenwart sie sich wohlfühlen. Die meisten von uns fühlen sich in Gegenwart von charmanten Personen wohl.

Wenn Frauen verhandeln, können sie mit einem Lächeln häufig viel mehr erreichen als mit »harter Taktik«. Stellen Sie sich vor, eine Geschäftsfrau geht zum Autohändler und sagt in forschem Ton: »Ich habe ein Angebot, bei dem das Auto um 8900 Euro billiger ist als bei Ihnen. Geben Sie mir den gleichen Preis und ich kaufe bei Ihnen.« Das kann dominant wirken und kommt in unserer Geschäftswelt heute nicht besonders gut an. Wer möchte schon gerne mit dominanten Personen verhandeln?

Wenn die gleiche Geschäftsfrau in das Autogeschäft kommt und mit einem charmanten Lächeln sagt: »Ist das wirklich Ihr letzter Preis? Kommen Sie, der Händler auf der anderen Straßenseite hat genau so ein Auto dort stehen und er verkauft es mir um 8900 Euro weniger. Ich würde wirklich gerne bei Ihnen kaufen, aber ich muss auch auf mein Budget achten. Was gibt es für Möglichkeiten für Sie und für mich?

Jetzt gibt es auch den wissenschaftlichen Beweis für diese These: Dr. Laura Kray, Professor an der Universität Berkeley in Kalifornien, hat dazu eine Studie veröffentlicht (2012). Bemerkenswert ist, dass sie mit dieser Studie als Erste überhaupt weiblichen Charme und dessen potenziellen Erfolg durch die akademische Brille betrachtet.

Kray führt aus, dass die richtige Mischung aus Freundlichkeit und Flirt einer der Pfeile aus dem »geheimen weiblichen Verhandlungsköcher« ist. Kray belegt, dass Frauen, die weiblichen Charme effektiv als Verhandlungsstrategie, zum Beispiel beim Kauf eines Autos, einsetzen, dadurch bis zu zwanzig Prozent des Preises sparen können.

Verbinden wir nun Freundlichkeit und Charme noch mit Humor, dann ergibt das eine fast unwiderstehliche Strategie, andere für sich zu gewinnen, indem den Verhandlungspartnern ein »Feel-good-Gefühl« vermittelt wird, um eigene Ziele in Verhandlungen zu erreichen.

> Vorsicht: Zu viel des Guten wirkt schnell anbiedernd und schadet mehr, als es nützt. Die Gefahr ist groß, dass man schnell als wenig authentisch und glaubwürdig eingeschätzt wird. ■

Wenn Sie kein akzeptables Angebot für Ihren Gesprächspartner haben, welches Sie mit harten Fakten und klaren Zahlen untermauern können, nützt Ihnen auch die größte Charme-Offensive nichts.

Charme und zuvorkommendes Verhalten am Verhandlungstisch können allerdings auch kontraproduktiv wirken.

→ *Beispiel*

In einem meiner MBA-Seminare hat ein Student mit der Aussage überrascht, dass er mehr als einmal die Erfahrung machte, dass Herzlichkeit und konziliantes Verhalten zu Misserfolg führten.

Der MBA-Student arbeitete neben seinem Studium als Geschäftsführer für eine Organisation, die für ihre Kunden exzellente Beschaffungsdienstleistungen erbringt. Seine Aufgabe dabei war, unablässig den Markt zu beobachten, mit Anbietern zu verhandeln und Einkaufsempfehlungen auszusprechen. Zudem bewegte er sich im kirchlichen und sozialen Umfeld und gab mir folgendes Interview für dieses Buch:

BH: *Wie war die Situation, in der Sie nicht mit Ihrer eigenen, freundlichen und zuvorkommenden Art im Gespräch punkten konnten?*

MBA: *Ich habe mit der Wirtschaftsverantwortlichen einer kirchlichen Institution über das mögliche zukünftige Einkaufs-*

volumen gesprochen. Die Dame hat einen toughen Eindruck auf mich gemacht. Sie bevorzugte einen sehr faktenorientierten, sachlichen Gesprächsstil und hatte keinen Sinn für ein paar Minuten freundlichen Smalltalk. Beispielsweise war sie schon unangenehm berührt, als ich ihr ein Glas Mineralwasser eingeschenkt habe.

BH: *Oh, das ist ungewöhnlich.*

ST: *Ja, das stimmt. Auch als ich ihr den Vortritt in den Konferenzraum gelassen habe, fühlte sie sich nicht wohl. Nach meiner Einschätzung hat sie mich als Konkurrenz angesehen und wollte sich wohl mit einem besonders dominanten Auftreten Respekt verschaffen.*

BH: *Ja, das kann vorkommen. Wie haben Sie die Situation gemeistert?*

ST: *Hm, im ersten Gespräch war das nicht möglich. Interessanterweise war beim zweiten Gespräch ihr männlicher Kollege anwesend. Das hat das Gesprächsklima positiv beeinflusst.*

> Passen Sie Ihr kommunikatives Verhalten an das Ihres Gesprächspartners an. Wenn Sie jemandem gegenübersitzen, der direkt bzw. konkret ist und konzentriert die Fakten durchgeht sowie auf Charme und Smalltalk nur zurückhaltend oder gar nicht reagiert, so reduzieren auch Sie Ihre Sprache auf das Wesentliche.

■

Kluge Worte im Verhandlungskontext wählen

Es gibt wunderbare Zitate von berühmten Persönlichkeiten. Manche haben schon vor über 2000 Jahren Gedanken formuliert, die nichts von ihrer Aktualität eingebüßt haben und für Verhandler inspirierend sein können.

Ein Schwätzer wünschte, von Sokrates Rhetorik zu lernen. Der Philosoph verlangte von ihm doppelt so viel Honorar wie von ande-

ren. »Aber warum?« – »Weil ich Ihnen sowohl Sprechen als auch Schweigen beibringen muss.« (Sokrates)

→ *Beispiel*
Ein 74-jähriger Rentner geht zu seiner Hausbank und wird in ein Beratungsgespräch verwickelt. Die junge Bankangestellte schwärmt ihm minutenlang und in den höchsten Tönen von einer wunderbaren Geldanlagemöglichkeit vor, statt ihm zunächst schweigend zuzuhören. Sie selbst ist davon so begeistert, dass ihr Kunde erst nach einiger Zeit die Frage stellen kann: »Wie lange ist denn die Laufzeit hierfür?« »15 Jahre«, lautet die Antwort, worauf der Kunde sagt: »Danke, kein Interesse.«

Aufrichtiges Interesse am Gesprächspartner und gezielte Fragen gleich zu Beginn führen zu einem konstruktiven Gesprächsverlauf, der den tatsächlichen Bedürfnissen des Kunden gerecht wird.

Man widerspricht oft einer Meinung während uns eigentlich nur der Ton missfällt, in dem sie vorgetragen wurde. (Friedrich Nietzsche)

Wenn jemand mit Ihnen in einem Ton verhandelt, der Ihnen nicht gefällt und der Sie innerlich ärgerlich macht, fragen Sie sich, was wichtiger ist: Ein Verhandlungsergebnis oder Ihr persönliches Wohlbefinden. Entscheiden Sie erst, wenn Sie darauf eine klare Antwort haben.

Es gibt nun mal nicht immer gleich interessante, alternative Gesprächspartner. Man muss eben mit denen zurechtkommen, die da sind. Die Kunst, zielorientierte und erfolgreiche Gespräche zu führen, liegt oftmals auch in der Fähigkeit, unhöfliche Aussagen zu ignorieren und diesen einen partnerschaftlichen, positiv gestimmten Gesprächsstil entgegenzusetzen.

Es ist Unsinn, Türen zuzuschlagen, wenn man sie angelehnt lassen kann. (J. William Fulbright)

Sollten Sie bei Ihren Verhandlungen an einem Punkt angelangt sein, wo Ärger und Enttäuschung dominieren, werfen Sie trotzdem nicht die Flinte ins Korn! Auch wenn Sie das Gefühl haben, Ihr Gesprächspartner geht auf Ihre Argumentation nicht ein, kehren Sie – nach einer Verschnaufpause – an den Verhandlungstisch zurück! Vielleicht sprechen Sie ja nicht die Sprache Ihres Gegenübers?

»You're right, I'm wrong. Thanks for disagreeing.« (Rich Salz)

Mit Humor können Sie eine angespannte Situation entschärfen und gemeinsam mit Ihrem Gesprächspartner eine Brücke bauen, über die er Ihnen wieder entgegenkommen kann. Könnte Ihnen ein Satz wie der folgende nicht unter Umständen auch einmal mit einem Augenzwinkern über die Lippen kommen? *»Glauben Sie wirklich, dass der unverschämt inflationäre Preis, den ich Ihnen eben genannt habe, mein Ernst ist? Ich werde Ihnen sofort 67 Prozent Rabatt einräumen!«*

Für die meisten Frauen ist Konversation vornehmlich die Sprache der Übereinstimmung: ein Weg, um Beziehungen zu Verhandlungspartnern aufzubauen. (Deborah Tannen)

Wir fügen hinzu, dass sich gerade Frauen oft einfach nicht selbstbewusst genug darstellen (z. B. bei Gehaltsverhandlungen) und eben nicht wie folgt formulieren: »Das ist meine Leistung. So viel kostet sie. Das ist ihr Wert.«

Lasst uns niemals aus Angst verhandeln. UND lasst uns niemals Angst vor Verhandlungen haben. (J. F. Kennedy)

Sie fühlen sich wie David, der Goliath gegenübersteht? Vor einem Gespräch mit »ungleichen« Partnern geben wir oft frühzeitig »unsere Pfunde« aus der Hand, weil wir uns in unserer Position geschwächt fühlen. Vergeben Sie nicht unnötig Ihre Chancen – trainieren Sie vielmehr Ihren Geist auf Augenhöhe!

Zähle bis zehn! Das ist eine klassische Verhandlungstechnik. Es ist ein freundliches Zeichen für Ihre Nicht-Zustimmung und ein guter Weg, um weiter zu verhandeln. Zähle bis zehn, denn dann wird der andere meistens zu sprechen beginnen und möglicherweise ein höheres Angebot unterbreiten. (Bill Colemann)

Vergessen Sie niemals die Macht des Schweigens, dieser massiv unangenehmen Pause, die anhält und anhält – und einen Gesprächspartner dazu verleiten kann, loszuplappern und nervös zurückzurudern. (Lance Morrow)

Die Verhandlung zwischen einem GmbH-Geschäftsführer und zwei Vertretern seiner Versicherung über den Leistungsumfang ist ein Paradebeispiel dafür, wie man mit einigen Minuten Schweigen im richtigen Moment Tausende Euro verdienen kann. Die Verhandlung war beinahe am Ende – eine konstruktive, angenehme Atmosphäre während der eineinhalb Stunden, in der sich jeder wohlfühlte. Und dann sagt der Geschäftsführer plötzlich: »Das sehe ich nicht so.« Und schweigt … so lange, bis die Versicherungsherren einlenken und sagen: »In Anbetracht der langen Geschäftsbeziehung können wir diesmal wohl auf Ihren Vorschlag eingehen. Jetzt lassen Sie uns zum Italiener um die Ecke gehen. Sie bezahlen.«

Ein Verhandler muss alles beobachten. Sie müssen teils Sherlock Holmes, teils Sigmund Freud sein. (Victor Kiam)

In unserer sich permanent verändernden, schnelllebigen und dynamischen Welt laufen wir Gefahr, aufgrund der vielen Reize, denen wir ausgesetzt sind, die Gabe, genau zu beobachten, zu verlieren. Viele von uns bewegen sich zu wenig aufmerksam in ihrem Umfeld und so entgehen ihnen Details bzw. Kleinigkeiten sowie manchmal kaum sichtbare Hinweise, die wir von anderen ständig bekommen. Nicht nur aufmerksames Zuhören, sondern mindestens genauso wichtig ist konzentriertes Beobachten.

Schlechte Argumente bekämpft man am besten dadurch, dass man ihre Darstellung nicht stört. (Sydney Smith)

Wenn Ihnen am Verhandlungstisch jemand gegenübersitzt,

dem offensichtlich ein gedanklicher Irrtum (vielleicht in Bezug auf eine Zahl) zu seinen Ungunsten unterlaufen ist, so fragen Sie sich, was wichtiger ist: Sie schweigen und unterzeichnen einen Vertrag, mit dem Sie ungeahnte Vorteile erhalten oder Sie machen Ihren Gesprächspartner darauf aufmerksam und bieten ihm an, sein Angebot noch einmal zu überdenken.

Das entscheidet jeder für sich selbst.

→ *Beispiel*

Ein Innsbrucker Architekt und Baukoordinator erstellte eine Ausschreibung für die Lieferung von fünfzig Türen. Vier Firmen gaben in etwa ähnliche Angebote ab, eine Firma bot drastisch preisgünstiger, um ca. ein Drittel weniger, an. Der Architekt hätte seinem Auftraggeber empfehlen können, dieses Angebot anzunehmen und den Vertrag zu unterzeichnen. Stattdessen gab er dem Anbieter bei den Vergabegesprächen die Chance, sein Angebot zu überprüfen mit den Worten: »Kann es sein, dass Sie sich da verrechnet haben?«

Damit eilt dem Architekten in der Branche und in der Region ein Ruf als fairer Geschäftspartner voraus. Ausführende Firmen wissen, dass eine Zusammenarbeit mit ihm »Handschlag-Qualität« hat.

Im Geschäftsleben ist der Rückspiegel immer klarer als die Frontscheibe. (Warren Buffet)

Hätte, wäre, wenn … Sollten Sie sich einmal verkalkuliert haben und von einer Verhandlung nicht profitieren, schlimmer noch, sogar Verluste erleiden, weil sich das Projekt als um einiges zeitaufwendiger herausstellt, als Sie erwartet haben, und sich Ihnen keine Möglichkeit bietet, nachzuverhandeln, so beurteilen Sie dies als »Investition in Erfahrung«. Am wenigsten hilfreich ist es, sich lange darüber zu ärgern. Auf zu neuen Verhandlungsabenteuern! So ein Fehler wird Ihnen nicht noch einmal passieren. Das ist das Gute daran.

»Ich bin verpflichtet, meinen Gegnern Argumente zu liefern, aber nicht Verstand.« (Benjamin Disraeli)

Es bleibt jedem selbst überlassen, ob er die Menschen, mit denen er in einer Sache vorankommen will, als Gegner bezeichnet.

Humor: eine »ernste« Verhandlungstechnik

Oftmals konzentriert man sich in Verhandlungen auf die sachlich-logische Ausarbeitung von Argumenten. Wenn Sie die GRASP-Methode streng befolgen, mag sie Ihnen wie ein konsequenter Verhandlungsleitfaden vorkommen, der Schritt für Schritt abgearbeitet werden kann. Dennoch zeigen unsere Erfahrungen aus der täglichen Arbeit und Verhandlungsworkshops, dass genauso wichtig wie ein kluger Verhandlungsplan die persönliche Einstellung ist, mit der man andere überzeugt. Nicht umsonst zeigen unsere Workshop-Erfahrungen (siehe Kapitel »Das Verhandlungs-Experiment«), dass gute Laune und Fröhlichkeit zu einem Verhandlungsgewinn werden können, da sie die eigene Verhandlungssicherheit erhöhen.

Doch inwiefern lässt sich auch Humor als »ernste« Verhandlungstechnik beim Gegenüber einsetzen? Ist der Witz ein legitimes rhetorisches Mittel, um Verhandlungen zum Erfolg zu führen – oder vertrauen erfahrene Verhandler eher auf Sachargumente?

Im Rahmen unserer Verhandlungs- und Workshop-Tätigkeit haben wir unter unseren Teilnehmern eine nichtrepräsentative anonyme Online-Umfrage durchgeführt (September 2012). Dabei haben wir auch Berufsdiplomaten (aufgrund ihrer überdurchschnittlichen Verhandlungsfähigkeiten, die sie sich während ihrer Ausbildung aneignen) und professionelle Verhandler zur Bedeutung von Humor für den Verhandlungserfolg befragt. Über zwei Drittel der Befragten gaben an, dass feinsinniger Humor in fast allen Gesprächssituationen sehr sinnvoll ist.

Gerade in einem hochprofessionellen Verhandlungsumfeld wird Humor als wichtiges Mittel für den Verhandlungserfolg erkannt – und wird auch als rhetorisches Mittel aktiv eingesetzt. Selbst wenn über konkrete Fakten verhandelt wird, darf bei über der Hälfte unserer Befragten Humor nicht fehlen.

Das ist zwar nur eine Momentaufnahme in der Verhandlungsarbeit, aber wer hat es noch nicht erlebt, dass eine feine Prise Humor in Verhandlungen manchmal wie ein Katalysator wirken kann, durch den greifbare Spannung entweicht?

→ *Beispiel*

Kennen Sie das Phänomen? Plötzlich wandelt sich das Klima im Raum, es wird kälter. Wenn beispielsweise der CFO, der zweitmächtigste Mann in einem börsennotierten Unternehmen im europäischen Ausland, den Konferenzraum betritt, sinkt die Raumtemperatur um zwei Grad. Dann ist schnelles Denken, intellektuelles Erfassen komplexer Zusammenhänge, Faktenorientierung, sprachliche Präzision gefragt. Seitengespräche, humorvoller Smalltalk oder gar eine Tasse Kaffee wären für diesen CFO reine Zeitverschwendung. Regelmäßig »erzittern« die Leiter der einzelnen Geschäftsbereiche beim Gedanken, die jährlichen Budgetverhandlungen mit »the cold guy« unbeschadet zu überstehen. Doch auch eine solche Stimmung kann geistreich gelockert werden. Während eines Budgetmeetings begann einer der Geschäftsführer mit der Bemerkung:

GF: *Das ist ja wie in der physikalischen Fakultät.*

CFO [harsch, ungeduldig] *Ich vermute, dass Sie die Relevanz Ihrer Bemerkung für unser Gespräch gleich aufzeigen werden?*

GF [leise, jedoch zornig] *In der physikalischen Fakultät beschwert sich auch der Dekan über das Budget seiner Abteilung: »Warum muss ich euch ständig so viel Geld für Labors, teure Ausrüstung und Geräte in den Rachen werfen? Warum könnt ihr nicht so sein wie die Mathematiker? Die brauchen nur Geld für Bleistifte, Papier und Papierkörbe! Oder noch besser: Wie die Philosophen, die brauchen NUR Bleistifte und Papier! Wenn Sie der Meinung sind, dass Philosophen unser Geschäft besser vorantreiben können, dann genehmigen Sie eben NUR Bleistifte und Papier.*

Da war er, der seltene Moment, in dem dieser CFO die Andeutung eines Lächelns erkennen ließ. Das hat die Atmosphäre im Raum – zwar kaum wahrnehmbar – aber doch entspannt.

Humor verfeinert die Beziehung zum Gegenüber, entspannt kritische Situationen, bewirkt, dass Gesprächspartner sich wohlfühlen und öffnet die Tür zum kreativen Potenzial aller Beteiligten. In unseren Workshops und auch im Zuge von Verhandlungen konnten wir feststellen, dass kurz nachdem eine witzige Bemerkung gefallen ist, schneller und mehr Ideen produziert wurden, um ein Problem zu lösen.

Fallen Ihnen in angespannten Situationen geistreiche Bemerkungen selten oder gar nicht ein? Können Sie etwas tun, das Ihnen hilft, genau im richtigen Moment mit einer amüsanten, feinen Äußerung die atmosphärische Störung zwischen Verhandlungspartnern zu entschärfen?

5-Punkte-Plan des Humors

- Humor entsteht auch durch innere Unabhängigkeit. Er ist die edelste Art, sich über die Dinge zu erheben. Je stärker Sie in einer Verhandlung gefangen und auf ein gutes Ergebnis angewiesen sind, desto ernster werden Sie. Arbeiten Sie daher schon vorher an Alternativplänen, an einem Verhandlungsfallschirm, der Sie rettet, falls die Verhandlung schiefgeht. Sie werden sehen, wie sehr Sie das entspannt.
- Humor entsteht von Anfang an. Wenn Sie die ganze Zeit ernst und sachlich verhandeln, kann ein Witz unpassend und nicht authentisch wir-

ken. Besser: Starten Sie von Beginn an mit dem Gedanken im Hinterkopf, positiv und humorvoll auf Ihr Gegenüber einzugehen. Rollen Sie den Teppich für Ihren Verhandlungshumor gleich zu Anfang aus, anstatt irgendwann ein unangebrachtes Witzchen zu machen.

- Schlagfertigkeit ist oft humorvoll, aber wenig nützlich. Verzichten Sie darauf, Ihre Schlagfertigkeit in Verhandlungen zu schärfen. Einen Spruch gekonnt auszukontern, mag auf den ersten Blick geistreich und gewitzt erscheinen, doch überlegen Sie sich, weshalb Sie von Ihrem Gegenüber überhaupt angegriffen wurden. Bringen solche Personen wirklich Verständnis auf, wenn sie selbst ironisch aufs Korn genommen werden?
- Einen Witz können Sie vorher lernen, doch noch wichtiger ist es zu erkennen, wann er funktioniert. Manchmal ist der zeitliche Rahmen für ein Gespräch höchst straff und knapp bemessen. Das führt dazu, dass die Gesprächspartner hoch konzentriert und (vermeintlich) zeitsparend miteinander sprechen. Dabei kommt es vor, dass man vor lauter »Sach-Konzentration« und »Verhandlungs-Kurzsichtigkeit« vergisst, dass manch lockerer Spruch bestimmten Situationen die Schärfe nimmt. Wann genau der beste Zeitpunkt dafür ist, kann niemand sagen. Zu Beginn, am Ende, kurz vor oder nach einer Pause – wer ohne hellseherische Fähigkeiten kann das schon vorher wissen?

Probieren Sie humorvolle Bemerkungen vorher einfach einmal aus und beobachten Sie deren Wirkung. So entwickeln Sie (wenn Sie es nicht sowieso schon haben) ein feines Gespür dafür, wann Humor passt und wann nicht. Das geht auch mit verhandlungsfremden Themen, die Sie locker ansprechen können, ohne Gefahr zu laufen, die Verhandlung inhaltlich zu torpedieren.

Humor passt in vielen Momenten, denn wenn man durch eine Bemerkung, eine Geste oder einen Blick dem anderen ein Lächeln ins Gesicht zaubert, was kann daran falsch sein?

- Humor funktioniert auch, wenn er vom eigentlichen Verhandlungsthema ein bisschen ablenken kann. Vermeiden Sie Witze auf Kosten der konkreten Verhandlungssituation, Ihres Gegenübers oder dessen Argumente. Nutzen Sie besser Gelegenheiten, eine ernste Situation mit einer feinen Bemerkung zu kommentieren.

Ein Meister des feinen Humors ist Bertram Pietsch, der folgende humorvolle Tatsache immer wieder gerne erzählt (im Gespräch September 2012).

»Der österreichische Weihbischof Dr. Leo Pietsch kommt vom II. Vatikanischen Konzil zurück in seine Gemeinde und spricht Folgendes: Wir haben über viele schöne Dinge geredet. Unter anderem auch darüber, dass zukünftig alle Kirchenvertreter einheitlich mit Vater angesprochen werden sollen. Meine lieben Gemeindemitglieder: Es macht mir nichts aus, wenn Sie mich weiterhin mit Exzellenz ansprechen.«

Perspektive wechseln

Eigene Sicht ./. Sicht der anderen

Häufig versetzen sich Verhandler nicht oder zu wenig genau in die Situation ihrer Gesprächspartner hinein. Das mag »menschlich sein«, sieht man doch zuerst hauptsächlich das, was für einen selbst wichtig ist. Und das ist ja auch gut so. Es darf nur nicht bei den einseitigen Überlegungen bleiben. Die Konzentration nur auf eigene Ziele und entsprechende Lösungsmöglichkeiten versperrt oft den Blick auf Einigungschancen, die von den Gesprächspartnern nicht nur akzeptiert, sondern auch in der Umsetzung mit Energie gefördert werden. Mit einem

Perspektivenwechsel, dem Sie Zeit in der Vorbereitung und während der Verhandlung widmen und dem Sie die entsprechende Wichtigkeit zumessen, gelingt dies. Perspektivenwechsel ist nicht einfach, weil der Mensch daran gewöhnt ist, die Welt und die Verhandlungsthemen aus eigener Sicht zu beleuchten. Wenn man genau hinschaut, dann mögen Menschen andere Meinungen und Sichtweisen gar nicht. Wir sind umgeben von Freunden, die ähnlich ticken wie wir. Wir wählen Medien, das Internet, Fernsehen oder Zeitungen so aus, dass uns die dortigen Meinungen meistens gefallen. Viel zu selten hinterfragen wir uns.

In unserem Denken konzentrieren wir uns darauf, Gemeinsamkeiten und Zusammenhänge zu sehen. So formen wir ein Weltbild, das wir im Laufe der Zeit durch selektiv ausgewählte Informationen immer weiter unterstützen. Präsentiert man Menschen einen offensichtlichen Konflikt mit ihren so ausgebildeten Denkschablonen, antwortet das Gehirn mit einem charakteristischen Ablehnungssignal (Kutas/Federmeier 2011). Fremde Perspektiven stören also zunächst unsere Meinung und wir müssen uns aktiv dafür entscheiden, auch mal eine andere Sichtweise einzunehmen. Der Vorteil: So gewinnen wir genau die geistige Flexibilität, die notwendig ist, um aus einem starren Verhandlungskorsett ausbrechen zu können. Sie können auch mit dem besten Verhandlungsplan und den plausibelsten Argumenten auf Ihr Gegenüber einreden – wirklich erfolgreich werden Sie erst sein, wenn Sie dessen wahre Absichten erkennen und in Ihren Verhandlungsplan integrieren. Und dafür ist es äußerst hilfreich, sich in die Position des Gegenübers hineinzuversetzen, auch wenn es manchmal schwerfällt.

Gelingen des Wechsels der Betrachtungsweisen, des »Sich-Einfühlens« in den Verhandlungspartner

- Sie bereiten sich sorgfältig mit dem GRASP-Verhandlungsplaner vor, der Sie mit seinen Fragen immer wieder motiviert, auch den Blick der anderen Seite einzunehmen.
- Sie nehmen sich Zeit und gehen die Verhandlung anhand eines individuellen Praxisszenarios mit einer Person Ihres Vertrauens durch. Dabei nehmen Sie für einige Zeit die Rolle Ihres Verhandlungspartners ein und Ihre Vertrauensperson übernimmt Ihre Position. In Seminaren und bei Verhandlungsvorbereitungen konnten wir mit dieser Methode schon häufig »Aha-Effekte« erzielen, die die betroffenen Personen als wichtig und wertvoll erachteten. Nicht selten haben Verhandler daraufhin noch einmal ihre Verhandlungsstrategie und Argumentation angepasst und optimiert. ■

Der Perspektivenwechsel ist auch noch auf anderer Ebene möglich:

- *Das große Ganze ./. viele kleine Details*

Wenn Sie dazu neigen, eher viele Details zu sehen und jeden einzelnen Schritt zum Ziel detailliert auszuarbeiten, dann ist doch ein Blick auf das große Ganze hilfreich. Gute Verhandler können zwischen diesen beiden Perspektiven hin- und herwechseln, so wie es die Verhandlungssituation gerade erfordert. Fragen Sie sich (ganz praktisch), ob Ihre Verhandlungspartner das große Bild, kurze Informationen, Stichpunkte mit einem Fokus auf Aktion und Konsequenzen bevorzugen. Oder sind sie sehr viel mehr an umfassenden Informationen, Hintergrundwissen und Details interessiert? Fragen Sie sich selbst und Ihre Gesprächspartner direkt:

Passende Detailtiefe

Je nachdem geben Sie entweder einen groben Überblick oder beschreiben Sie genau alle einzelnen Schritte. Nennen Sie beispielsweise einen Umsetzungsplan mit bestimmten Meilensteinen oder arbeiten Sie detaillierte Zeitpläne und Arbeitsschritte aus.

- *Mitten drin ./. ein Schritt zurück*

Stellen Sie sich vor, Sie sind mitten in einer Verhandlung. Argumente, mögliche Lösungen, Gegenargumente »fliegen« hin und her, es wird gerungen, versucht, die anderen für eigene Ideen zu gewinnen und es geht hoch her. Mitten in so einer Situation lehnen Sie sich zurück, gehen bildlich gesprochen ein, zwei Schritte zurück und betrachten die Situation von außen, dissoziiert. Dissoziiert ist dabei »ein Zustand, bei dem Erlebnisse oder Situationen wie von außen wahrgenommen werden« (lexikon-psychologie.de 2017). Wenn Ihnen dies gelingt, fördert es das Verständnis, indem Sie aus der Vogelperspektive neben den thematischen Inhalten und dem offensichtlichen Kommunikationsverhalten noch weitere Phänomene besser wahrnehmen können. Beispielsweise die Feinabstimmung zwischen den Verhandlungspartnern, ob Menschen am Tisch sitzen, die etwas wollen (»das will ich«) oder die etwas nicht mehr wollen (»alles, nur das nicht«; Spangenberg/Spangenberg 2004). Entsprechend können Sie sich darauf einstellen und agieren.

Fragen beim bildlichen Schritt zurück

Der bildliche Schritt zurück, verbunden mit den folgenden Fragen, kann hilfreich sein und trägt zur Versachlichung einer Situation bei:

- »Moment mal, ist das wirklich der Ton, mit dem wir unsere Gespräche führen wollen?«
- »Was ist der Grund dafür, dass wir momentan gerade so emotional reagieren?«
- »Einen Moment bitte, lassen Sie uns kurz einmal innehalten und unsere Gesprächssituation aus der Perspektive eines unbeteiligten Dritten betrachten!« »Was würde diese Person momentan für einen Eindruck von uns haben?«

Der Blick von oben kann manche Situation erleichtern und hilft dabei, sich von einer momentanen, verfahrenen Gesprächssituation zu distanzieren. Der Perspektivenwechsel ermöglicht es dadurch, neue, andere, bisher nicht bedachte Sichtweisen einzunehmen, und das ist in den allermeisten Verhandlungssituationen sehr hilfreich.

- *Auf der Zeitachse voraus ./. zurück*

Sie haben bestimmt schon selbst erlebt, dass Sie mit Ihren Argumenten/Vorschlägen, die sie im Vorfeld gründlich und lange bedacht und beleuchtet haben, »zeitgedanklich« weit voraus waren, während Ihr Gesprächspartner damit zum ersten Mal konfrontiert wird. Auch hinsichtlich der Zeit, die in Ideen und Vorschläge im Vorfeld investiert wurde, ist es sinnvoll, die Perspektive zu wechseln.

Den Gesprächspartner da abholen, wo er steht

Sie sollten sich fragen: »Wenn ich diesen Vorschlag zum ersten Mal hören würde, was wollte ich dann genauer wissen, was hätte ich dann für Fragen, welcher Eindruck entstünde dann bei mir?«

7.3 Quintessenz dieses Kapitels

- Verwenden Sie wertschätzende Formulierungen so oft es geht. Damit erzeugen Sie eine respektvolle, positive Gesprächsatmosphäre, in der sich Menschen naturgemäß wohlfühlen. Nichts ist schlimmer in einem Gespräch als Desinteresse an dem, was der andere zu sagen hat. Selbst wenn Sie eine Frage stellen (Interesse zeigen), aber an der Antwort nicht wirklich interessiert sind, spürt das Ihr Gegenüber und verliert nach und nach seinen Wunsch, mit Ihnen weiterzusprechen.

→ *Beispiel*
Freundin 1: *»Wie geht es dir mit deinen Kollegen?«*
Freundin 2: *»Ach, nicht so gut. Wir können uns bei einigen Themen auf keinen gemeinsamen Nenner einigen.«*
Freundin 1: *»Ach übrigens, weißt du schon, dass heute Abend ein Konzert von Humus (österreichische Band) stattfindet?«*
Freundin 1 hätte echtes Interesse signalisiert, wenn sie nachgefragt hätte, worum es denn konkret bei dem »Kollegen-Fall« gegangen ist, anstatt über ein Konzert zu sprechen. Wer auf diese Weise zeigt, dass ihn die Gedanken des anderen nicht interessieren, darf sich nicht wundern, wenn der Gesprächspartner mit der Zeit immer mehr verstummt – im Sinne von »gar nichts mehr erzählt«. Selbst ist man befremdet und denkt dann: »Der oder die erzählt ja gar nichts!«

- Daher: Fragen Sie nach, seien Sie aufmerksam, regen Sie an weiterzusprechen und zeigen Sie Verständnis für die Belange des anderen. Sie werden vielleicht überrascht sein, welch eine außergewöhnliche Welt sich Ihnen offenbart.

7.4 Fragen der Selbstreflexion

Welcher Inhalt konkret aus diesem Kapitel ist besonders wertvoll für meinen eigenen Alltag? Gehe ich eher entspannt oder angespannt in Verhandlungen? Welche Konsequenz ziehe ich daraus?

Nutze ich bereits die eine oder andere Technik? Oder besteht hier Nachholbedarf? Schaffe ich es regelmäßig, die Perspektive zu wechseln? Gibt es hier vielleicht eine Diskrepanz zwischen Eigen- und Fremdwahrnehmung?

Welche eigenen Erfahrungen habe ich bereits gemacht, die etwas vom Inhalt dieses Kapitels widerspiegeln? Wie sehr lasse ich mich selbst vom Charme, der Optik oder der Freundlichkeit meines Gegenübers leiten? Wie weit reicht hier meine Reflexionskunst?

7.5 Literatur

Duss-von-Werdt, Josef: Homo Mediator, Klett 2005, S. 223

Hermans E. J., Henckens M. J., Joëls M., Fernández G.: Dynamic adaptation of large-scale brain networks in response to acute stressors, 2014, Trends Neurosci, 37(6):304–14

http://myragolden.wordpress.com/2010/03/30/myras-helpful-phrases-for-negotiating-with-customers, Übersetzung von Birgit Hauser, letzter Zugriff am 5.1.2017

http://www.lexikon-psychologie.de/Dissoziiert_sein/, letzter Zugriff 5.1.2017

Kahnemann, Tversky: The framing of Decisions and the Psychology of Choice, Science, New Series, Vol. 201, 1981, pp.453

Kutas M., Federmeier K. D.: Thirty years andcounting: finding meaning in the N400 component of the event-related brain potential (ERP), 2011, Annu Rev Psychol, 62:621–47

Levin, Diane, 2009, (www.mediationchannel.com), übersetzt von Birgit Hauser, letzter Zugriff 5.1.2017

Radatz, Sonja: Beratung ohne Ratschlag, 5. Auflage 2008, Verlag Systemisches Management, Wien, S. 159

Spangenberg B., Spangenberg E.: Verhandeln: auf dem Weg zum freundlichen Ritual, Otto-Schmidt-Verlag, 2004, Köln, S. 12

Studie Feminine Charm: An Experimental Analysis of Its Costs and Benefits in Negotiations, with Connson C. Locke and Alex B. Van Zant. Personality and Social Psychology Bulletin, published online 07/2012, S. 1 ff.

Kapitel 8: Quintessenz

Verhandeln ist manchmal einfach. Verhandeln ist manchmal kompliziert. Verhandeln ist manchmal Vergnügen und manchmal mühsam.

Immer jedoch ist Verhandeln beeinflusst von Menschen, deren Zielen, Absichten, den persönlichen Werten und den Umgebungen, aus denen sie kommen und in denen sie sich bewegen. Um erfolgreich zu verhandeln, ist es daher wichtig, diese Hintergründe Ihres Verhandlungsgegenübers so genau wie möglich zu kennen.

Unsere Erfahrung und die Erkenntnisse der Kollegen, die wir in diesem Buch zitieren, haben gezeigt, dass es dabei Faktoren gibt, die erfolgreiche Verhandlungen auszeichnen:

- *Emotional-positive Haltung:*

Ich freue mich auf die kommende Verhandlung, weil ich da Dinge erreichen werde, die ich vor einem Jahr noch nicht erreicht hätte. Jetzt bin ich bereit dazu.

- *Gekonnte Kommunikation:*

Ich habe schon an einigen Kommunikationsseminaren teilgenommen. Jetzt habe ich auch noch viele gute Formulierungsvorschläge in diesem Buch gefunden. In der kommenden Verhandlung werde ich deshalb ganz sicher die richtigen Worte gekonnt einsetzen und damit erreichen, was ich möchte.

- *Strukturierte Vorgehensweise:*

Die GRASP-Methode erscheint mir logisch und ist für mich

einfach zu befolgen. Damit werde ich in der kommenden Verhandlung stringent vorgehen können, nichts vergessen und bestens vorbereitet sein. Mir gibt das die Sicherheit, die ich brauche.

- *Prise Humor:*

Wenn ich an meinen Gesprächspartner in der kommenden Verhandlung denke, dann muss ich innerlich über meine Fähigkeit lächeln, sein Pokerface zu durchschauen.

Denken Sie daran: Humor ist auch Humor, wenn Sie ihn nur für sich selbst »benützen«.

Quelle: negotiations.com

Anhang
GRASP-Verhandlungsplaner

GRASP Verhandlungsplaner

Was ist das Thema und der Anlass der Verhandlung?
Worüber verhandeln wir überhaupt?
Wer nimmt an der Verhandlung teil?
Was weiß ich schon, was muss ich noch recherchieren?

____

____

____

____

	Verhandler	Beschreibung (Position, Persönlichkeit etc.)
Meine Seite		Welchen Eindruck werden meine Gesprächspartner von mir/uns haben?
Deren Seite		Was weiß ich über meine Gesprächspartner?

GRASP Verhandlungsplaner

Quelle und Copyright

Bild 9.1 GRASP-Planer Seite 1

Schritt eins - ZIELE (Goals)

Priorität	Was sind in dieser Verhandlung meine Mindest-Ziele, was meine Wünsche darüber hinaus und was meine langfristigen Ziele jenseits der aktuellen Verhandlung? Was ist am wichtigsten für mich?
1	
2	
3	
4	
5	
6	
	Welche Ziele hat vermutlich mein Gesprächspartner? Wie passen diese zu meinen Zielen?
gleich	
ent-gegen-gesetzt	
unter-schied-lich	

Bild 9.2 GRASP-Planer Seite 2

Schritt 2 – OPTIONEN / Wege / Möglichkeiten (Routes)

	Ich könnte.....	Vorteile	Nachteile
1	Das bestmögliche Ergebnis für mich ist:		
2			
3			
4			
5			
6	Ein Ergebnis, das ich gerade noch akzeptieren könnte:		

Bild 9.3 GRASP-Planer Seite 3

Schritt 3 – ARGUMENTE (Arguments)

Begründungen, die jedes einzelne meiner Argumente untermauern:

Meine Position ______________________________

begründe ich mit Argumenten wie folgt:

1.

2.

3.

Hilfreiche Information/ Dokumentation, die meine Argumentation noch zusätzlich stützt:

1.

2.

3.

Ich kann einen Wechsel zu

____

in meinen Bedingungen rechtfertigen, weil:

1.

2.

3.

Je nachdem, wie mein Verhandlungspartner argumentiert, stelle ich Fragen, entweder um weitere Informationen zu erhalten oder um möglichem Widerstand entgegenzuwirken:

Wenn sie argumentieren, dass ______________________________

frage ich zu

1. Informationen: ______________________________

2. Widerstand: ______________________________

____

Bild 9.4 GRASP-Planer Seite 4

Schritt 4 – Plan B / Beste Alternative (Substitutes)

Wenn die Verhandlung nicht gelingt,.........

könnte ich	Vorteile	Nachteile
1		
2		
3		
4		

Mein Plan B ist:____

Ergebnis, bei dem ich gerade noch JA sagen kann:

____

Wahrscheinlicher Plan B meines Gesprächspartners:	Vorteile für mich	Nachteile für mich

Bild 9.5 GRASP-Planer Seite 5

Schritt 5 - Überzeugung (Persuasion)

Wie formuliere ich meine wichtigste Botschaft so, dass sie „unwiderstehlich attraktiv" ist und ich meine Verhandlungspartner überzeugen und für mich gewinnen kann?

Beobachtetes Kommunikationsverhalten/-vorlieben meines Gesprächspartners:

faktenorientiert:	direkt:	schnell:	ergebnisorientiert:
personenorientiert:	indirekt:	langsam:	risikobereit:

am Überblick orientiert:

ist eher detailorientiert:

Bild 9.6 GRASP-Planer Seite 6

Zum Download: Der GRASP-Plaber steht Ihnen unter http://files.hanser.de/fachbuch/Beck_45186_GRASP-Verhandlungsplaner.pdf zum Download zur Verfügung.

Literatur

Akbari Chermahini S., Hommel B. (2012): More creative through positive mood? Not everyone! Front Hum Neurosci. 2012; 6:319.

Ballreich, R., Glasl F.: Mediation in Bewegung, Concadora Verlag, 2007, 1. Auflage

Bauer, Joachim: Prinzip Menschlichkeit, Hamburg, Hoffman und Campe, 2007

Beck, Henning: Irren ist nützlich! Warum die Schwächen des Gehirns unsere Stärken sind, Hanser, 2017

Bekinschtein T.A., Davis M.H., Rodd J.M., Owen A.M. (2011): Why clowns taste funny: the relationship between humor and semantic ambiguity. J Neurosci, 29;31(26):9665–71.

Billings-Yun, Melanie: Beyond Dealmaking – five steps to negotiating profitable relationships, San Francisco, Jossey Bass (imprint WILEY Verlag), 2010

Chaniotis, Kropp, Steinhoff: Überzeugungsstrategien, Heidelberg, Springer Verlag, 2008

Cloutier J., Heatherton T.F., Whalen P.J., Kelley W.M. (2008): Are attractive people rewarding? Sex differences in the neural substrates of facial attractiveness. J Cogn Neurosci, 20(6): 941–51.

Davis M.A. (2009): Understanding the relationship between mood and creativity: a meta-analysis. Organ. Behav. Hum. Decis. Process. 108, 25–38.

Dobelli, Rolf: Die Kunst des klaren Denkens, München, Carl Hanser Verlag, 2011

Duss-von-Werdt, Josef: Homo Mediator, Stuttgart, Klett-Cotta Verlag, 2005

Fischer, Ury, Patton: Das Harvard Konzept, 22. Auflage, Frankfurt, Campus Verlag, 2004

Geissner, Leuck, Schwandt, Slembek: Gesprächsführung – Führungsgespräche, St. Ingbert Röhrig-Universitätsverlag, 2008

Guth, W., Tietz, R.: »Ultimatum Bargaining Behavior: A Survey and Comparison of Experimental Results«, Journal of Economic Psychology, Bd. 11, 1990

Kahnemann, D., Tverski, A.: The framing of Decisions and Psychology of Choice, Science, New Series, Vol. 211, 1981

Kunkel, Bräutigam, Hatzelmann: Verhandeln nach Drehbuch, Heidelberg, Redline Wirtschaft, 2006

Kruse, Peter: Erfolgreiches Management von Instabilität, 5. Auflage, Offenbach, Gabal Verlag, 2010

Mobbs D., Greicius M. D., Abdel-Azim E., Menon V., Reiss A. L. (2003): Humor modulates the mesolimbic reward centers. Neuron, 4;40(5):1041–8.

Mobbs D., Hagan C. C., Azim E., Menon V., Reiss A. L. (2005): Personality predicts activity in reward and emotional regions associated with humor. Proc Natl Acad Sci U S A, 8;102(45): 16502–6.

Prior, Manfred: MiniMax Interventionen, 11. Auflage, Heidelberg, Carl Auer Verlag, 2013

Portner, Jutta: Besser Verhandeln, Offenbach, GABAL Verlag GmbH, 2010

Radatz, Sonja: Beratung ohne Ratschlag, 5. Auflage, Wien, Verlag systemisches Management, 2008

Spangenberg B., Spangenberg E.: Verhandeln: auf dem Weg zum freundlichen Ritual, Otto-Schmidt-Verlag, Köln, 2004

Varga von Kibed, M., Sparrer, I.: Ganz im Gegenteil, 9. Auflage, Heidelberg, Carl Auer Verlag, 2016

Zimmermann, Kurt W.: Echte Golfer weinen nicht, 6. Auflage, München, COPRESS Verlag in der Stiebener Verlag GmbH, 2012

Weiterführende Literatur:

Falk, G., Heintel, P., Krainz, E.: Handbuch Mediation und Konfliktmanagement, Wiesbaden, VS Verlag für Sozialwissenschaften/GWV Fachverlage GmbH, 2005

Heintel, P., Krainz, E.: Projektmanagement: Hierarchiekrise, Systemabwehr, Komplexitätsbewältigung, 6. Auflage, Wiesbaden, Springer Gabler Verlag, 2015

Nasher, Jack: Deal! Du gibst mir, was ich will!, Frankfurt, Campus Verlag, 2013

Watzke, Ed: Wahrscheinlich hat diese Geschichte gar nichts mit Ihnen zu tun …: Geschichten, Metaphern, Sprüche und Aphorismen in der Mediation, Mönchengladbach, Forum Verlag Godesberg, 2008

Index

Die Autoren

Birgit Hauser, frühere Human Resources Managerin bei einem börsennotierten Unternehmen, verfügt über langjährige Verhandlungserfahrung und arbeitet seit 2009 selbstständig als kommerzielle Verhandlerin und Konfliktvermittlerin. Zugleich ist Birgit Hauser Gesellschafterin in der Bunte Hotel Fischer am See GmbH & Co. KG, einem Urlaubsunternehmen am Heiterwanger See in Tirol.

Internationale Trainer- und Beratertätigkeit Verhandlung, Konfliktlösungsstrategien und Interessensmanagement

Master of Science in Project and Business Mediation, Alpen-Adria Universität Klagenfurt

Certificate of Advances Studies in Mediation der FH St. Gallen
www.birgit-hauser.com

Henning Beck wurde 1983 an der südhessischen Bergstraße geboren und studierte Biochemie in Tübingen. Nach seinem Diplom-Abschluss promovierte er an der dortigen Graduate School of Cellular & Molecular Neuroscience. Er arbeitete an der University of California in Berkeley, publiziert regelmäßig in der Wirtschaftswoche und im GEO-Magazin und hält Vorträge und Workshops zu Themen wie »Neurobiologie und Kreativität«. Henning Beck lebt in Frankfurt und ist am dortigen Scene Grammar Lab tätig.

www.henning-beck.com